復興デザインスタジオ
災害復興の提案と実践

東京大学復興デザイン研究体　編

東京大学出版会

阪神淡路スタジオ

1995年の阪神淡路大震災から20年が経過した時点において、阪神淡路大震災からの復興はどのように評価することができるだろうか。震災前 - 災害時 - 20年後における神戸あるいはその周辺地域の状況を理解した上で、現在の同地域に対して、どのようにレジリエンスを高めることができるか、新たな空間的提案を行うことを目指した。

新長田地区
1995年の阪神淡路大震災後、新長田駅南地区では21haの大規模な再開発事業が行われた。超高層ビルが合計23棟建つことになり（写真左側）、事業は未だ進行中である。震災前は駅以外は平屋や2階建ての建物が中心の町であり、復興事業地区とそれ以外が明確に分かれている。

芦屋市若宮地区
老朽家屋が密集して残っていた地区で、大きな被害を受けた。行政の復興計画案に反対する住民の意見を専門家がまとめ、公営住宅、新築戸建て、改修する家をバランスよく混在させて地区改良事業を行った成功事例と言われる。

提案　Hub-Terminal Housing

阪神淡路大震災の住まいの復興過程における、借上公営住宅の借上期間（20年）終了に伴う退去の問題、郊外部に大量供給された災害公営住宅への移住による生活圏の激変・コミュニティ破壊といった都市型災害での住宅供給で生じるミスマッチの問題に注目した。

整備の迅速性に優れる借上公営住宅を「第一公営」として市街地部にすみやかに供給（期限付き）し、その後、中心市街地部の駐車場などの用地を随時取得し、「第二公営」を建設、供給した上で、借上（第一公営）の入居者に、各居住者にとって適した時期に住み替えてもらうことを考え、提案を行った。

この図は、モデルケースとして、発災直後に水色で示したキャナルタウン（UR都市再生住宅）を借上公営住宅として活用して被災者を受け入れ、その後、それぞれのライフステージの節目などのタイミング（図の中の〇yearsという表示）で紫色で示した「第二公営」（あるいは赤色で示した既存公営住宅）に住み替えていくことを表している。住み替え先の「第二公営」の選定は、ピンク色で示した病院や、黄色で示した商業施設、茶色線で示したバス路線などの立地を考慮して行われる。

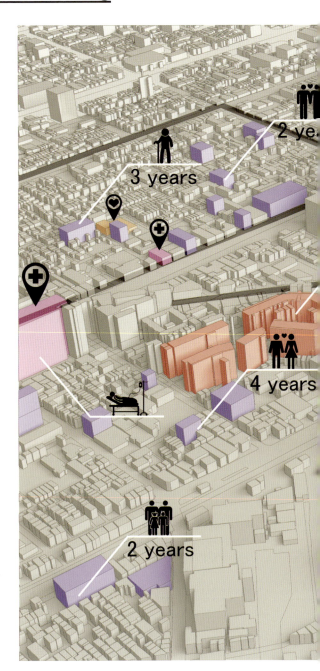

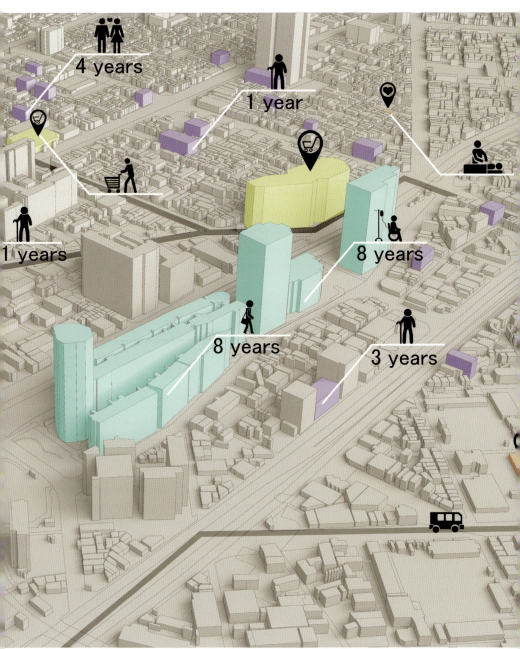

阪神淡路 005

提案　新長田劇場

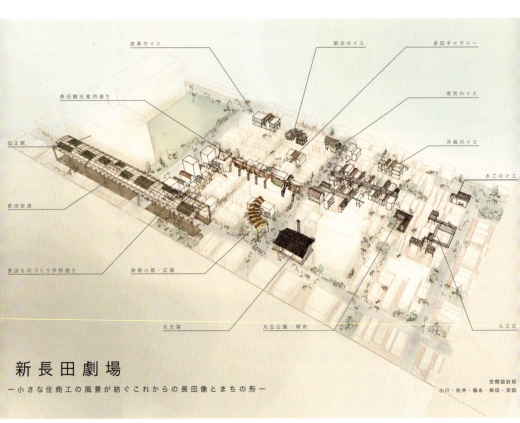

新長田劇場
― 小さな住商工の風景が紡ぐこれからの長田像とまちの形 ―

新長田は第二次世界大戦で被災せず、そのため戦災復興が行われずに木造密集地域が広がっていた地区である。その中で、商店街が発展し、多様な人々が商店街でつながりながら生活が営まれていた。しかし阪神淡路大震災後、大規模な復興再開発事業が地域の分断を招き、震災から20年以上経過した今もその影響は色濃く残っている。
「新長田劇場」では、かつて盛んであったものづくりを軸に、既存の商店街を活かした新長田の新しい姿を、50年先までの計画として提案した。

鉄板小屋
職人によるものづくり教室が行われるうちに、合宿等が行われるようになる。食事や入浴の場所が必要になり、まず鉄板小屋と丸五湯が作られる。鉄板小屋は最初、駐車場と空地を使って作る仮設の建物であるが、教室が盛んになるにつれて、常設されるようになっていく。

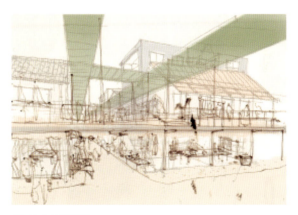

長田ものづくり学校
ものづくりが根付いてブランド化し、町中のあちこちで行われるようになると、町全体がさながら1つの学校のようになる。長田は、家のすぐ近くに工房があることで学生たちが行き帰りに工房にふらっと立ち寄って技術を学ぶ、もう1つの学校のように機能し始める。

提案　復興過程における空間の時限的利用

空間の利用には、本来の日常的な使われ方と、場所の特質を発揮した非常時の使われ方がある。たとえば非常時、学校はその中心性や広さを発揮し避難所や炊き出しスペースとなり、公園はその広さや自由度の高さから瓦礫置き場や仮設住宅地として利用される。このような「空間の時限的利用」は、災害後の街の変化過程において欠かせないものである。

復興過程における「空間の時限的利用」の必要性は、用途・量ともに時間経過に応じて変化していく。たとえば空地は時間経過と必要に応じて瓦礫置き場、仮設住宅用地、公園用地と用途を変化させることで復興に寄与できる。土地利用をダイナミックに変化させ、1つの土地で複数の時限的利用をこなすようにすることで、土地の持つポテンシャルを活かしつつ、郊外へ拡大せずに復興を成し遂げることができると考え提案を行った。

X年後
家が全壊してしまった人は元々住んでいた土地の近くの仮設住宅に入る。駐車場であった土地は公園として利用され、また集会所は役割を変えながら地域資源として残る。これらは地域の人たちが触れあうための場であると同時に、次の災害の予防にも役立つ。ヒューマンスケールな小さい単位での復興が可能となる。

震災直後
駐車場であったこ敷地周辺では半壊や全壊の家が目立つ。震災前に協定をあらかじめ結び、土地の利用を転換して使用することを合意しておくことで、これらオープンスペースを活用することが可能となる。

半年後
集会所ができ、半壊だった家は徐々に修復を始めていく。瓦礫処理も終わりに近づき住宅の再建をするところも出てくる。

阪神淡路　009

陸前高田スタジオ

2011年3月11日の東日本大震災で、陸前高田市は甚大な被害を受けた。東北でも最も被害の大きい地区の1つである。本スタジオで我々は現状の復興計画に対する問題意識から、市民の意思決定プロセスを踏まえた都市マスタープランの作成を目指した。

学生ワークショップの様子 @ 高寿会

敷地見学の様子

高寿会とのワークショップ成果

東北 011

提案　結びつく、街と暮らし

計画年次は 2018 年を想定し、街道結節点に拠点施設を配し、その周辺を商業地区に指定することで、現在の街の重心を強めることを考えた。防潮堤も最低限の高さ（約 6 m）にし、盛り土も現在進められている以上の事業は行わない。できるだけ早く生活基盤を整備することが復興において重要であり、そのためには現在の自然発生的な重心をそのまま利用するべきと考えた。街の重心に近い地区に住宅開発、低地部は農地利用を進め、最も海に近い地区は公園地区とし、松原の再生と合わせ、レクリエーションゾーンとする。

敷地全体の鳥瞰

高齢者住宅の共有スペース

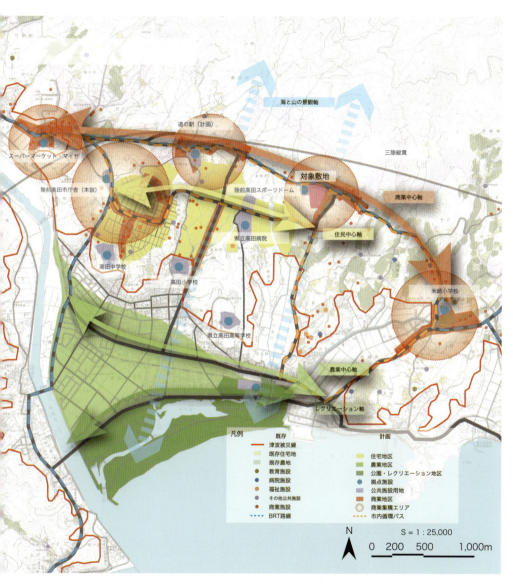

2018年復興マスタープランの提案

東北 013

福島スタジオ

福島第一原子力発電所事故により、特に浜通りの自治体は避難を余儀なくされ、故郷に足を踏み入れることも容易でない状況が続いている。事故から2年が経過した時点で開講された本スタジオは、どのように福島の人々が、特に若い世代の人々が自らの故郷と関わることができるのか、という点から提案に取り組んでいる。

楢葉町
原発事故により避難指示が出され、スタジオ開講時の2013年は町の83%が避難指示解除準備区域に指定され、全住民が町外に避難していた（2015年9月に避難指示解除済み）。津波により被害を受けた家屋も、家主が戻れぬ状況で修繕されずに放置されている。

双葉町役場いわき事務所
スタジオ開始時に、いわき市に避難している双葉町役場を訪問し、役場職員の方に被害の復興の現状について話を伺った。

提案　福島の風景の再生

福島県内の中で特に楢葉町と双葉町の2つの自治体に着目し、事故当時の高校生が今後どのようにして彼らの故郷と関わることができるのか、という道筋を示すことを目指し提案を行った。

市町村が個別に復興するのではなく双葉郡として復興を行うこと、その初期の拠点として楢葉町を位置づけ、郡役場の設計や再編成後の竜田駅周辺市街地の姿を60年のスパンで計画した。また、中間貯蔵施設が双葉町に整備されることが決まったが、これを「負の遺産」としてではなく、事故の記憶を継承するためのものとして捉え直し「式年遷土」を提案した。

2045〜2115年の双葉町都市計画の提案
既存市街地を活かしながら、新しい市街地が発生し、また放射線量の高いエリアは建物の解体が行われる。2つの中間貯蔵施設では30年ごとに式年遷土が行われる。

図表 2.11 楢葉町においてイベントが行われている
Fig 2.11 FUtaba County Hall in Naraha During a Collective E

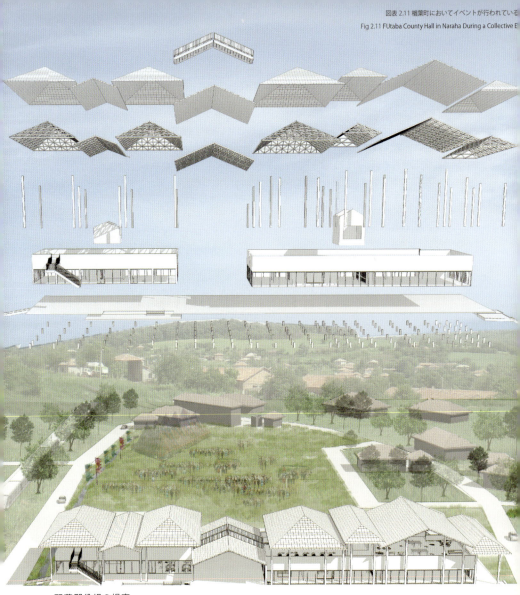

双葉郡役場の提案
20年をかけて双葉郡内を移転していく役場。解体と再建築が可能な工法としている。

東京 2060 スタジオ

首都直下地震の発生が懸念されている東京。2060 年はすでに大災害が発生した後かもしれないし、発生する前かもしれないが、東京はそうした突発性リスクに何らかの形で備え、あるいは復興しなければならない。一方で、人口減少やインフラの老朽化といった進行性リスクへの対応も必要である。東京はかつて水都と呼ばれ、人々は多様な水環境と地形を読み込むことで、都市を形成してきた。2060 年に向けては、改めて東京の水環境からアプローチすることで、東京が直面する課題に対する計画の提案を目指した。

東京およびその周辺の多様な水環境

提案　くらしの縁(よすが)

東京周縁部における住宅地再編のイメージ。まちづくりNPOによる空き家空き地の管理、売買などにより、土地を効率的な活用を図る。

発生する空き地を、コミュニティガーデンや公園などとして利用し、空き家の一部は新しい働き方を実現するテレワーク施設やコミュニティショップなどとして活用する。

東京　019

提案　島化する

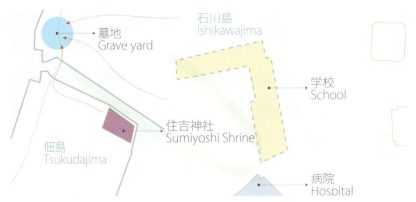

佃には、低層の密集市街地を背景とした地縁型コミュニティを有する佃島と高層マンションが林立する石川島という性格の異なる両者が隣接している。物理的に区切る水路に沿って、アクティビティを配置することで、両者が学校や病院といった日常、祝祭や追悼といった非日常における体験を共有する。

佃の2060年の将来像。佃島と石川島を区切る水路を渡る橋詰空間は、高層住宅と低層住宅地、それぞれに暮らす住民が行き来する拠点として機能する。

提案　Suprastructure

更新や災害に対して脆弱性を有する従来の階層型インフラに代わり、小単位において自立的なサービス供給施設を挿入することで、インフラの管理や維持の問題を解決する方策"Suprastructure"を提案する。

下水道の Suprastructure が導入された街区の様子。この提案により、各人が災害時や社会環境の変化に対して独立性の高いサービスを獲得することに加え、インフラが可視化されることにより、意思決定の単位や地域の関係性が知覚されることが重要である。

東京 021

渋谷スタジオ

超絶繁華街・渋谷は、圧倒的な開発圧力と複雑な空間要素による強い慣性力によって、つぎはぎで出来ていったまちである。膨大な人々を惹きつける魅力を放っているが、渋谷における突発性リスクは甚大である。不特定多数の人が集まり続ける魅力的な空間が、渋谷のリスクの原因と関連しており、その魅力を壊さないように留意しつつ、リスクを抑制する空間提案を目指した。

提案　生きろ、大地とともに

谷地形に従って、駅を中心に放射状に街が広がり、多様な「界隈」を内包している渋谷だが、駅周辺の密度を高める再開発が進行している。こうした動きは渋谷の魅力を低減するだけでなく、災害時の危うさをも持っている。これらに対して、我々の提案は、渋谷を取り囲む「アーバンリング」を挿入し、それと連関する2種類の「拠点」の整備することで、人の集まる渋谷であり続け、災害時に命が守られるという2つの意味で「生き残る」渋谷を実現するものである。生き残ることができる強いもの、それは渋谷固有の地形や界隈性といった長い間に培われた土地の力である。

はじめに

内藤 廣

新たな手立ての創案に向けて

「この無限の空間の永遠の沈黙は私を戦慄させる」パスカルのこの言葉は、被災直後、海と陸地がほぼ同じレベルで水平につながった陸前高田の渚で感じたこととつながる。あそこには、無限の空間と永遠の沈黙があった。戦慄すべき光景、だからこそ、希望について語らねばならない。

「備えていたことしか、役には立たなかった。備えていただけでは、十分ではなかった。」復興が一段落する中で、国土交通省東北地方整備局が幹部のために『東日本大震災の実体験に基づく「災害初動期指揮心得」』として冊子を作った。その冒頭に掲げられた言葉である。何が役に立ち、何が十分ではなかったのか、冷静に考える時期に来ている。

一方で、世の中はバブル景気の再来で浮かれている。これもそろそろ影が差しつつあるが、立て続けに今度はオリンピックである。目の前につるされた人参を息せき切って追いかけている。この気分には、東日本大震災のつらい思い出や衝撃を忘れようとする人々の無意識が、その底にあるように思えてならない。大災害によるネガティブな高揚が、姿を変えて続いているのではないか。そして、その喧噪の中で急速にあの大災害の記憶が急速に遠のきつつある。時代はどこに流れていくのだろう。

あの日からの復興。うまくいった、とはとても言えない。あれだけのことが起きたのに、これだけしかできなかった、という無念もある。可もなく不可もなく、というのはほめ過ぎで、限りなく不可に近い可、という印象だ。その理由は、手法だけがあって哲学がない、ということに尽きる。

津波災害に対する処置は、防潮堤、高台移転、区画整理、この三点セットで行われた。言うなれば、手持ちの現行制度の組み合わせで行われた。これしかなかったから、やむをえなかったのだと推察する。それにしても、この間の齟齬を前提に、大災害の対策に対する新たな制度を構築する動きはみられない。やむをえな

かったにせよ、次に備える手立てを創造できずにいる。

　問題を突き詰めていけば、法制度の問題に行き当たる。憲法や民法、土地法や都市計画法に書かれている「私の権利」と「公共の福祉」を俎上に上げざるを得なくなるだろう。これまで誰も議論してこなかったことに触れることは、なかなかしんどい。でも、いずれやらざるを得なくなる。これは非常時にやるべきことではなくて、日常の正気を保った中で慎重に深めるべき議論だ。

　所詮、制度は社会的な事象に対応するために作られた道具に過ぎない。それぞれは孤立して閉じた系を作っている。これを非常時にいきなり有機的に組み合わせることなど不可能だ。それぞれの省庁は、法制度とその流れに乗せた補助金行政で成り立っている。何もない平穏無事な日常ならそれでよいが、不連続な空白を生み出す想定外の事態には対応できない。制度は一貫して、時間の中に生じたこの亀裂を自動機械のごとくつなぎあわせようとする。近過去の日常から近未来を無理矢理つなぎ合わせようとするから、さまざまな無理や欺瞞を累積させることになる。それが被災地で見てきたことだ。

　先の大災害では二万人近くの方が亡くなられ、復興には二十数兆円が投下される。一方、これから予想される南海トラフの津波災害では三十万人以上の方が亡くなられるという。単純計算すれば、被災規模が十五倍、同じ手法をとれば三百兆円かかることになる。わが国の年間GDPが五百兆円程度だから、どう分割したところでこれは支出不可能な数字だ。

　経済だけでは対応不可能だし、技術だけでも克服できない。そうであれば、社会全体でなにかの合意形成やパラダイムシフトが必要であることは明らかだ。人の生と死を含めた新たな哲学や社会制度を創案しなければならない。近未来に起きてくることを積極的に想像し、議論し、考えつくし、それを現在に引き寄せねばならない。それだけでは足りない。世の中の多くの人の合意を取り付けねばならないから、その姿形を示さなければならない。ここにデザインという言葉の重い役割がある。

　この壮大な試みには、粘り強い研究と持続的な取り組みが不可欠だ。それが出来るのは大学しかない。ここにこそ社会における大学の役割があると思いたい。今時の復興を反芻し、うまくいったところ、うまくいかなかったところを再検証し、将来必ず襲ってくる大災害への対応を創案する。それが復興デザインであってほしいと思っている。

復興デザインスタジオの目的

「復興デザイン研究体」は、2011年東日本大震災を契機に、東京大学大学院工学系研究科の社会基盤学、建築学、都市工学の建設系3専攻の教員らが、現地の復興に貢献できる活動の実現と人材の育成の必要性を痛感したことをきっかけにして、自治体、企業、学術会議などと連携しながら、次世代の都市・地域・国土像を考える組織として設立された。

「研究」を軸に据えながら「実践」と「教育」に取り組み、それぞれの質を相互に高め合う新たなネットワーク型学問モデルを展開している。

このうち「教育」の柱となるのが「復興デザインスタジオ」である。「復興デザインスタジオ」は、2012年以降毎年開講している3専攻(社会基盤、建築、都市工)が連携した教育プログラムで、これまでに東京、東北、阪神淡路を対象に災害復興のあり方を提案してきた。本スタジオでは、各専攻の知見・経験を統合し、分野横断的に復興に取り組むことを目指している。特に参加する学生には、異なる専門分野の学生と議論を通して、また行政官、実務者、専門家といった異なる立場のプロとのやり取りを通して、現場に適応可能な本質的な要素を含む提案を行うことを求めている。各提案は、自治体職員、被災地の住民などへフィードバックしてきた。またスタジオの提案をきっかけとして社会実装に結びつける試みも続けている。毎回こうしたプロセスを繰り返すことによって、教育プログラムとしての「復興デザインスタジオ」の手法を模索し、次のスタジオへと還元することを試みてきた。

本書はこのような背景から「復興デザインスタジオ」での提案を紹介するだけでなく、スタジオで取り上げた課題の社会的背景、スタジオでの提案後に発展させ取り組んでいる研究・活動などもまとめ、収録するものである。

また、多様な「復興」の姿を提示すると同時に、「復興デザインスタジオ」という新たな教育プログラムの設計手法と可能性を示すものでもある。災害復興に関する提案のための教科書として活用していただけたらありがたい。

(窪田亜矢)

復興デザイン研究体の組織図

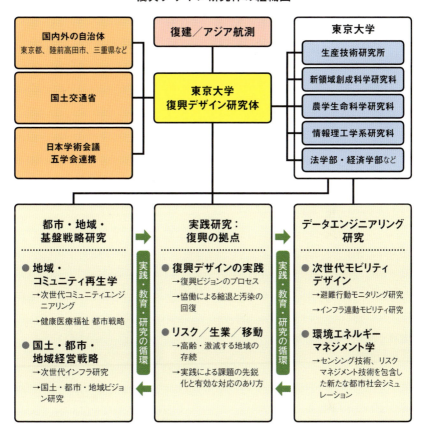

復興デザイン研究体の主要メンバー

　復興デザイン研究体は、窪田 亜矢（都市工）、羽藤 英二（社会基盤）、大月 敏雄（建築）、本田 利器（国際協力）、田島 芳満（社会基盤）、井本 佐保里（建築）、萩原 拓也（都市工）を中心とした建設系3専攻の教員で運営を行っている。また、アジア航測株式会社および復建調査設計株式会社から共同研究員が在籍し、教育プログラムにおいても連携している。（()内は専攻）

本書の構成

1）復興デザインスタジオの歩みと位置づけ

　本書に収録するのは、2012年から2014年に開講された5つのスタジオである。

　　2012年度 冬：「復興デザインの理想と提案」（第Ⅲ部　東京　CASE4）
　　2013年度 夏：「生き延びる渋谷」（第Ⅲ部　東京　CASE5）
　　2013年度 夏：「福祉居住施設の計画を被災年の復興の中で考える」（第Ⅱ部　東北　CASE2）
　　2013年度 冬：「福島の風景再生計画」（第Ⅱ部　東北　CASE3）
　　2014年度 夏：「阪神淡路大震災の復興事業をリ・デザインする」（第Ⅰ部　阪神淡路　CASE1）

復興デザインスタジオの
課題対象地

東北スタジオ
岩手県陸前高田市

東北スタジオ
福島県

阪神淡路スタジオ
兵庫県神戸市

東京スタジオ
東京の水環境、渋谷区

2）復興デザインスタジオの課題対象地

　これらスタジオは、3つの時点（過去／現在／未来）における復興として位置づけることができる。

　第Ⅰ部では、過去の復興として1995年の阪神淡路大震災を取り上げる。震災から20年における復興のプロセスをレビューし評価することを通して、都市災害における新たな復興のあり方について提示することを目指す。

　第Ⅱ部では、現在（進行中）の復興として2011年の東日本大震災を取り上げる。沿岸部では想定外の津波により大きな被害を出し、現在も防潮堤や高台移転の計画は道半ばである。また福島第一原子力発電所事故により福島県内では広域・長期間の避難を強いられている。これら未曾有の災害に対し、今後の復興の道筋を提示することを目指す。

　第Ⅲ部では、未来の復興として首都直下型地震が想定される東京を取り上げる。大都市災害に対する事前復興として何が可能か、平時、非常時における取り組みについて提案することを目指す。

　このように過去から未来を循環し、行き来することで、より多角的に、また複層的に「復興」を理解し、取り組むことが可能となると考える。

①過去の復興：過去の災害とそこからの復興に対する評価と提案＝第Ⅰ部 阪神淡路
②現在（進行中）の復興：現在進行中の復興に対する提案＝第Ⅱ部 東北
③未来の復興：これから発生する災害、事前復興に対する提案＝第Ⅲ部 東京

復興デザインスタジオの各課題の位置づけ

```
         復興プロセスの            事前復興の
         シミュレーション          シミュレーション
    ┌─────────→          ←─────────┐
    │                                              │
 ┌──────┐      ┌──────┐      ┌──────┐
 │ 過去 │ ←──  │ 現在 │ ←──  │ 未来 │
 │復興プロセス│      │実践的復興│      │事前復興の│
 │の評価│  ──→ │の提案│  ──→ │の提案│
 │第Ⅰ部 │      │第Ⅱ部 │      │第Ⅲ部 │
 │阪神淡路│      │東北  │      │東京  │
 └──────┘      └──────┘      └──────┘
    │                                              │
    └─────────          ─────────┘
         復興プロセスに関する      事前復興に関する
         知見の還元              知見の還元
```

3）各章の構成

　各章は、「ねらい」と「取りまく状況」-「提案・解説」-「提案のその後」で構成される。

　「ねらい」と「取りまく状況」では、まず提案において取り組むべき視点を示した上で、課題を取りまく背景を理解することをために、各分野の研究者や実務家によるレクチャーや論考の記録を収録している。

　「提案」は、「課題の背景」を踏まえた各復興に関する提案を収録している。また「解説」では、各スタジオでの成果を解説し、実際の復興の中にどのように位置づけることができるのか評価を行っている。

　「提案のその後」では、スタジオ終了後の発展的研究や実践的活動についてコラムとして収録した。特に、陸前高田スタジオは実際に高齢者施設の実施設計へと継承されていき、福島スタジオでは南相馬市の小高復興デザインセンター設立へと発展していった。これらの事例より、スタジオを通して得られた成果を現地に還元していく可能性について示していく。

（井本佐保里）

```
[ねらい・取りまく状況]  →課題設定→  [提案・解説]  →実践への適応／継続的な関わり→  [提案のその後]
 既住研究                     現地調査                                     実践的展開
 実務経験者による知見          提案                                         研究の継続
```

第Ⅰ部　阪神淡路

CASE1　阪神淡路スタジオ「阪神淡路大震災の復興事業をリ・デザインする」

- 阪神淡路大震災における住宅復興（塩崎賢明）
- 阪神淡路大震災からの都市復興（平山洋介）
- 現場の視点から：各地区の復興プロセス（小林郁雄）
- Hub-Terminal Housing
- 新長田劇場
- 復興過程における空間の時限的利用

第Ⅱ部　東北

CASE2　陸前高田スタジオ「福祉居住施設の計画を被災年の復興の中で考える」

- 東日本大震災善後策としての民間高齢者施設計画（大月敏雄）
- 木造仮設住宅リユースの可能性（田畑耕太郎）
- 津波被災地の自治力と空間（尾崎信）
- 結びつく、街と暮らし
- 陸前高田市のサービス付き高齢者向け住宅建設における復興支援（齋藤隆太郎）

CASE3　福島スタジオ「福島の風景再生計画」

- 除染・環境回復に向けた課題（森口祐一）
- 福島における原発事故からの再生の取り組みと復興への課題（児玉龍彦）
- 福島の風景の再生
- フクシマから小高へ（李美沙）

第Ⅲ部　東京

CASE4　東京2060スタジオ「復興デザインの理想と提案」

- 東京の水の来し方行く末（村上道夫）
- 流域から展望する 東京2060のランドスケープ（片桐由希子）
- くらしの縁
- 島化する
- Suprastructure

CASE5　渋谷スタジオ「生き延びる渋谷」

- 大都市防災の抱える課題（廣井悠）
- 渋谷駅周辺における開発事業と事前復興の取り組み（齋藤勇）
- 渋谷の風景変化から考える事前復興（遠藤新）
- 生きろ、大地とともに
- GRONDSCAPE DESIGN WORKSHOPを通してみた渋谷（中井祐）

CONTENTS

イントロダクション

はじめに	24
復興デザインスタジオの目的	26
本書の構成	28

第Ⅰ部　阪神淡路

CASE 1　阪神淡路大震災の復興事業をリ・デザインする　37

ねらい	阪神淡路大震災の復興事業をリ・デザインする	38
取りまく状況	阪神淡路大震災における住宅復興	40
	阪神淡路大震災からの都市復興	42
	現場の視点から：各地区の復興プロセス	44
提案	01 ▶ Hub-Terminal Housing──都市型災害における住宅供給政策の見直しおよび改善の提案	50
	02 ▶ 新長田劇場──木造密集地の復興	58
	03 ▶ 復興過程における空間の時限的利用	68
解説		78

第Ⅱ部　東北

CASE 2　福祉居住施設の計画を被災年の復興の中で考える　83

ねらい	福祉居住施設の計画を被災年の復興の中で考える	84
取りまく状況	東日本大震災善後策としての民間高齢者施設計画	86
	木造仮設住宅リユースの可能性	88
	津波被災地の自治力と空間──岩手県上閉伊郡大槌町安渡地区の復興現場より	90
提案	01 ▶ 結びつく、街と暮らし	94
解説		103
提案のその後	陸前高田市のサービス付き高齢者向け住宅建設における復興支援	105

CASE 3　福島の風景再生計画 ……………………………… 111

ねらい	福島の風景再生計画 …………………………………… 112
取りまく状況	除染・環境回復に向けた課題 ……………………………… 114
	福島における原発事故からの再生の取り組みと復興への課題 … 116
提案	02 ▶ 福島の風景の再生 ……………………………… 122
解説	……………………………………………………………… 138
提案のその後	フクシマから小高へ ……………………………………… 140

第 III 部　東京

CASE 4　復興デザインの理想と提案 ………………………… 147

ねらい	東京2060　水環境からのアプローチ ……………………… 148
取りまく状況	東京の水の来し方行く末 …………………………………… 150
	流域から展望する　東京2060のランドスケープ ………… 151
提案	01 ▶ くらしの縁──空間的ゆとりを活かした住環境の向上と仮設住宅用地の確保 ……………………………………… 158
	02 ▶ 島化する──特性を活かすための領域の明確化 …… 168
	03 ▶ Suprastructure──インフラの自立性の向上 ……… 178
解説	……………………………………………………………… 189

CASE 5　生き延びる渋谷 ……………………………………… 191

ねらい	生き延びる渋谷──超絶繁華街のリスクと向き合う ……… 192
取りまく状況	大都市防災の抱える課題 …………………………………… 194
	渋谷駅周辺における開発事業と事前復興の取り組み ……… 198
	渋谷の風景変化から考える事前復興 ……………………… 202
提案	04 ▶ 生きろ、大地とともに──渋谷アーバンリング構想 … 206

| 解説 | | 218 |
| 提案のその後 | GROUNDSCAPE DESIGN WORKSHOPを通してみた渋谷 | 220 |

CASE 6　あとがき　　　　　　　　　　　　　　　225

CASE 7　復興実践報告　　　　　　　　　　　　　231

広島－復興デザイン・スタジオから復興交流館へ　　　232
伊豆大島における土砂災害からの復興と大学の取り組み　　234
火山災害と復興準備（事前復興）　　　　　　　　　　236
島嶼国における氾濫災害と復興　　　　　　　　　　　238
ネパール：ネワールの町と自力復興　　　　　　　　　240

スタジオデータベース　　　　　　　　　　　　　242
索引　　　　　　　　　　　　　　　　　　　　246
執筆者一覧　　　　　　　　　　　　　　　　　251
関連論文・論考リスト　　　　　　　　　　　　253

Urban Redesign Studio
Urban Redesign Studies Unit, Editor
University of Tokyo Press, 2017
ISBN978-4-13-063816-6

第 I 部

HANSHINAWAJI
阪 神 淡 路

CASE 1

阪神淡路大震災の復興事業を リ・デザインする

ねらい

阪神淡路大震災の復興事業をリ・デザインする

窪田亜矢

　1995年1月17日5時46分に発生した兵庫県南部地震では、6434名の死者、3名の行方不明者、4万3792名の負傷者が出た。

　地震の後には、各地で火事が発生し、火の手があちこちにあがる状況が空撮されて放映された。いわゆる木賃アパートが倒壊し、下敷きになった方々が焼死に至るという凄惨な被害が生じた。3万5000人が救出されたが、そのうち2万7000人が近所の人による救出だったとされる。また、全国からボランティアが駆けつけた。

　兵庫県では「創造的復興」のスローガンが出された。神戸市は、全国に先駆けてまちづくり条例を制定した自治体であり、被災後には住民が地区レベルの協議会をベースに、専門家とともに復興まちづくりを進めた。一方で、神戸市による都市計画決定が強引すぎるという市民の大反対もあった。

　大量の仮設住宅が建設されたが、時間を経て、孤独死という現象が生じていることが明らかになった。災害公営住宅においても同様の状況が続いている。

　神戸市長田区の"ケミカルシューズ"に代表される地元に根付いた産業が被災後に復興することはなく、神戸港の位置付けも低下傾向が著しい。

　阪神淡路大震災の復興は、良い面も悪い面も合わせて、都市型の火災を中心とした被害からの復興における論点を包含し、それは現在にまでつながっている。

　課題は3つのチームによって取り組まれた。

　被災と地域の特性により、阪神淡路大震災では住宅の復旧が復興の中心にあった。居住とは連続性を本質とするにもかかわらず、被災直後の支援は時限的であったため、20年を経て矛盾が生じることとなった。1つ目のチームが取り組んだのは、その矛盾の解決である。

　2つ目のチームは、空間と活動の関係に着目した。当たり前のことであるが、

すべての被災地域には歴史がある。ここで営まれる活動を支えてきた街区や空間構成の魅力を、もう一度、見直すことが重要と考えた。

　3つ目のチームは、地区というスケールを対象にして、公共的な空間の量や時間軸を総合的に扱う可能性を模索した。その結果、日常と非日常が相互に有効に機能する復興計画をテーマとした。

　各提案の前には、課題の背景を収録している。

　まず、塩崎賢明の解説より、阪神淡路大震災後の住宅供給の課題を把握する。「復興災害」（震災から20年が経過した現在も二次災害としても課題が発生していること）を指摘しており、より長期の視点で生活・まち全体が復興していくことの重要性について考える。

　平山洋介の解説では、都市復興の観点から、震災により地域の格差が増幅されたこと、被災直後に断行された過剰な再開発により地区の復興が進んでいない状況（新長田地区）を指摘している。

　小林郁雄は、実務者の視点からみた各地区の復興状況を解説する。復興計画策定においては、異なる立場の人間による意思決定、合意形成をどのようにして構築してくかが重要である。小林は、芦屋市若宮地区を専門家が住民の意見を吸い上げ、多様でありながら調和のとれた住宅地へと復興を遂げた好事例として取り上げている。

　以上の解説を踏まえて、まず阪神淡路大震災後の復興において何が課題となったのかについて過去20年間の実態レビューを行い、長期的視点での復興において有効な住宅供給や都市計画の手法に対する提案を行った。

> 取りまく状況

阪神淡路大震災における住宅復興

塩崎賢明

　阪神淡路大震災以来、「創造的復興」という言葉が定着した。創造的復興には光と影の部分があり、震災前より良くなったものが数多くある一方、住宅復興や生活再建など影の部分は未だに尾を引き、二次的にさまざまな問題を生んでいる。そうした問題を、私は「復興災害」と呼んでいる。

　復興とは、長期にわたり生活・まち全体を上手に元に戻す、あるいは従来より少し良くすることであり、単に再建だけを意味するのではない。復興においてはソフト・ハードの両面をトータルで考える必要があるが、東日本大震災の復興を見ても、未だにハード面に偏りがちであると言える。

　阪神淡路大震災における公的な住宅復興支援は、段階を追った避難所→応急仮設住宅→公営住宅のラインに乗らなければ支援を受けられない単線型で、それ以外の、たとえば民間賃貸住宅へ入居した人々への支援はきわめて希薄であった。

仮設住宅

　阪神淡路大震災の被災地では約4万8000戸の仮設住宅が建設された。仮設住宅の居住性能は劣悪であったが、当初不足した集会所や医療施設は、ふれあいセンターや診療所の設置により徐々に改善された。しかし根本的な問題は、被災した地域から2時間も離れた山の上に仮設住宅が多く建てられたことであった。まったく知らない場所で、抽選で決まった見ず知らずの人たちと共に生活しなくてはならなくなり、孤独死が多く出た。公的な仮設住宅に入れない、もしくは入りたくない人々が自力で立てた住宅は、自力仮設住宅と呼ばれる。建設費用は平均900万円ほどで、建設者は、子どもの学校を変えたくない親や店・工場の経営者などであった。彼らの存在は地域復興や活性化にも役立っていたが、彼らに対する公的な支援策はなかった。災害救助法は、4条1項で挙げられる10種類の支援のほか、4条

2項で都道府県知事が認める場合は金銭をもって救助してよいとしている。つまり自力仮設住宅に資金を投入することは法律上可能であるが、未だかつて実行されたことはない。遠隔地に仮設住宅を建てるリスクを思えば、資金を自力仮設に回してもよかったのではないだろうか。建設と撤去で1戸当たり400万円を要する公的な仮設住宅に対し、自力仮設住宅は改築して使われ続けるので、復興エネルギーとして評価できる。このようなエネルギーを活かしていける支援方法を考える必要がある。

災害公営住宅

　災害公営住宅の供給では、中高層の鉄筋コンクリートによる短期の大量建設を行った。建物そのものは地震に強く家賃も減額され安価であったため、建物への満足度は60％以上であった。一方、弱者優先の抽選入居により、公営住宅でも高齢者・低所得者の割合が高くなった。また、仮設住宅同様に近所付き合いの減少と生活の閉じこもり化が進み、孤独死が発生した。孤独死は仮設住宅と災害公営住宅を合わせて1195人（2016年末）となり、震災関連死932人を上回った。
　ライフサポートアドバイザーはこうした現状に対し見守り支援を行っているが、その効果は限定的であると言える。兵庫県立大学が行ったように、高齢化が進む低家賃の災害公営住宅や一般団地に大学生を住まわせ、半ば義務的に自治会の会合に出る仕組みを作る方が、アドバイザー等の事後対策よりも効果があるかもしれない。

借上公営住宅

　1996年の公営住宅法改正で、公営住宅を直接建設、買取り、借上げの3つの方法で整備することになった。当時は早く恒久住宅に住みたいという声が大きく、県や市は約7000戸を借上げ、公営住宅として提供した。そして現在、契約期限の20年が迫り、県や市が入居者に対して退去を求めていることが問題になっている。移動先は紹介することになっているが、借上公営住宅では食事や介護で助け合う近隣関係がようやく構築され、それが入居者の生活を可能にしている。そのため、移動して新たに入居できる部屋だけがあればいいという単純な話ではない。

自治体は当初予定していた全員退去を断念し、要介護度などによる基準を出した。この場合、神戸市では家賃補助のために年間約20億円が必要となるが、これは震災直後に出費と時間を合理的に節約した結果である。一方、公営住宅には空室もあるため、行政側には借上公営住宅の居住者をそちらに移したいという考えがあるだろうが、そもそも事前に20年の期限を周知していないケースもあり、借上公営住宅についても課題が山積している。

阪神淡路大震災からの都市復興

平山洋介

　大地震とそこから起こった火災のために、市街地では多くの木造アパートが倒壊・焼失し、戦前建設の住宅の約6割が失われた。震災前に狭小・老朽のために「問題住宅」とされていたアパートや長屋の多くが消失した。しかし、「問題住宅」の消失は、街中に安価に住める場所がなくなったことを意味し、住む場所をどうやって回復するのかが都市復興に関する重要な問いになった。

震災による地域差の増幅

　神戸は、震災前から、都市再編の難しさを経験していた。港湾と重工業で栄えた神戸は、「脱工業化」の途を探す必要に迫られていた。所得は、震災前から落ちていた。ポートアイランド二期などの開発を売却できず、市の財政は極度に悪化していた。そこに大震災が発生した。神戸は、都市再編の困難と大震災という「ダブルトラブル」に見舞われた。

　地域によって復興の速度に大きな差があった。人口推移や住宅回復率などの指標からみると、都心より西側、とくに長田の復興が遅かった。震災前から、いわゆるインナーシティ問題が大きく、人口の減少と高齢化、住宅ストックの老朽などの状況があった。土地・家屋の権利関係が複雑で、既存不適格建築が多く、さらに家主が高齢化していて、住宅更新は困難であった。大災害は、それ以前から存在

していた地域差を拡大する役割を果たし、インナーシティの困難はより深くなった。

自力仮設住宅

　震災直後から、被災者は住む場所を求め、行政は仮設住宅を建てた。しかし、その建設は長い時間を必要とし、不便な場所に集中した。行政仮設の完成を待てず、散髪屋さんやお好み焼き屋さんなど、自力で仮設住宅をつくる人たちが多くみられた。行政仮設の供給に加え、自力仮設支援が有効と考えられた。しかし、「土地を持っている人にだけ支援することになる」という論理で、政府支援は実現しなかった。被災者が公園を自力で仮設の街に転換した事例もあった。そこでは、数年経つと、近隣住民からの「子どもの遊び場がないままでは困る」と撤去を求める声が強くなった。「オープンスペースは誰のものなのか」が問われた。

二段階都市計画

　震災発生からたった2ヵ月で、市街地再開発事業、土地区画整理事業などの都市計画が決定され、これに関して住民の激しい反発がみられた。このため、神戸市は都市計画決定後に住民の協議会を設立し、市と住民の話し合いで事業を進める「二段階都市計画」という枠組みを設定した。しかし、第一段階で急いで決定された事業区域、再開発や区画整理などの手法選択は既成事実となっていることから、その枠組みのなかでしか将来の復興の姿を想像できない。

　大災害の直後の計画づくりは、過大になる傾向をもつ。非科学的な言い方をしてよければ、関係者全員の頭と気持ちが熱くなりすぎていて大きな絵になってしまう、というようなことがあると思う。インナーシティの新長田では高齢化が進み、経済が停滞していたにもかかわらず、事業区域21haという巨大な再開発が計画され、現在にいたるまで投資を呼び込めず立ち往生したままである。東北でも多数の大がかりなプロジェクトがあって、事業が成立しそうにないケースも多い。

市街地の住宅再建

　住宅再建は、おおむね3年を区切りとした。それ以降、再建はほとんどとまっ

てしまった。狭小敷地、資金不足、権利関係の錯綜などのために、長屋やアパートが建っていた土地での住宅建設は困難をきわめた。それでもたくさんの共同建て替え事業が実現し、さまざまな街づくりが進んだ。街の景観は大きく変わった。インナーシティでは建物を再建できず、駐車場となった土地が多い。市街地の道路のあり方として、幅員4ｍが本当に必要なのか、という議論もあった。一戸建て住宅の再建の多くはハウスメーカーが手がけ、その外壁のほとんど全部が乾式塗装パネルであることから、乾いた感じの景観が現れた。街の景観という視点から、ハウスメーカーの住宅をどう工夫すべきか、という議論が必要と感じた。量が多いため、街に対するインパクトが大きいからである。

都市復興に向けて

　復興とは要するに、矛盾とどう付き合うか、という問いに向き合うプロセスである。さっさと絵を描く、という考え方がある一方、時間をきちんとかけてていねいに計画をつくるべき、という考え方もある。役所が責任をもって復興を進めるべきだという見解があるし、被災住民からのボトムアップを重視する考え方がある。私は、それほど立派な建築でなくてよいので、とにかく住宅をつくって被災者の安定を優先させるべきと思った。しかし、将来のために立派な街づくりをして50年後に評価を得るべきという考え方のプランナーもいた。こういう矛盾を乗り越えるには、いま、目の前で困っている人を助けるための住宅・まちづくりの積み重ねが、将来の人たちの助けにもなるような、そういう道筋についての想像力が必要になる。

現場の視点から：各地区の復興プロセス

小林郁雄

　2002年設立以来、震災メモリアルセンターとして設立された「人と防災未来センター」の研究員を務めてきた。また、震災を機に「阪神大震災復興市民まちづく

り支援ネットワーク」を設立し、いくつかの地区の復興まちづくりの支援を行ってきた。

　ここでは、被災の状況と復興プロセスについて地区別に概観していく。

芦屋市若宮地区

　JR線以南には震災当時、老朽長屋戸建てなどが密集して残る地区があり、若宮地区では震災により建物の6〜7割が全壊した。当初芦屋市は地区改良事業で復興させようと土地を全面買収し、5階建てを4棟建設する計画案を提示した。しかし、自宅が一部損壊・半壊の住民たちは自力で直して住みたいと主張し、計画に反対した。そこで第2案では、長屋、戸建て住宅、4〜5階建て中層住宅とゾーン分けしたが、これも廃案になり、その後、ジーユー計画研究所の後藤祐介さんがまちづくりコンサルタントとして関わることになった。戸建てに住みたい人、公営住宅に入りたい人、改修して住み続けたい人それぞれの意見を聞いて、1つの計画にまとめ、一部損壊の人たちの区画は残し、十字路以外は4m道路で整備した。地区改良事業で建てた公営住宅は2〜4階建てで、3〜4階建てと2階建ての家が混在する。南側は国道の防音として、遮音帯を国が買い上げ道路事業の一環で緑地を作っているほか、公園や防音対策の中高層住宅が建つ。

　結果的に、新規の公営住宅と戸建て従前の建物が渾然一体となった街となった。その姿に注目してほしい。

神戸市新長田

　新長田の南地区では再開発事業が行われた。事業は当初3haほどの予定だったが、最終的には約7倍規模に膨れた。25〜35階建ての超高層ビルが計23本建つことになっており、未だ終わっていない。本来、駅周辺以外は平屋や2階建てが中心の町であったので、パッと見ると復興事業のところだけ周辺と断絶し、高容積なことが一目瞭然である。これが、新長田が抱える課題のベースにある。

神戸市六甲道

　JR六甲道駅北側は1980年代に再開発事業が行われていた。駅南側は、戦災復興事業から外れて戦前建物が密集する地域だった。震災後、人々は市の計画に反対してカウンタープランを作るなどし、最終的に震災直後の都市計画決定からの変更もなされた。

神戸市三宮

　震災では市役所旧棟の5階が中間破壊し、警備員の方が亡くなられたほか、土建部局の図面や地図もなくなった。学会被災調査に際しては地元コンサルタントで協力し地図などをかき集めた。以前は煉瓦とコンクリート造だった県庁前の栄光教会は、震災後イメージは変えずコンクリート造タイル張りで建てた。

神戸市松本

　火災被害が大きく、区画整理事業で都市計画道路や公園を作り、住宅再建を促した。17m幅の計画道路は広すぎるという声から、広く歩道をとって「せせらぎ」を通した。まちづくり協議会を中心にせせらぎ管理会が掃除をして管理している。

住民主体のまちづくりに向けて

　店主や地主、住民と行政など異なる権利・責任が複雑に絡む「まち」では、復興に際し人々をいかにまとめるかが課題となる。神戸では市民が運営・管理するまちづくり協議会が専門家の助言も得ながら復興の意思決定に大きな役割を果たした。多数派が少数派を説得する、あるいはその逆もあり、合意形成のシステムをどのように構築できるかが重要である。

芦屋市若宮地区

神戸市新長田

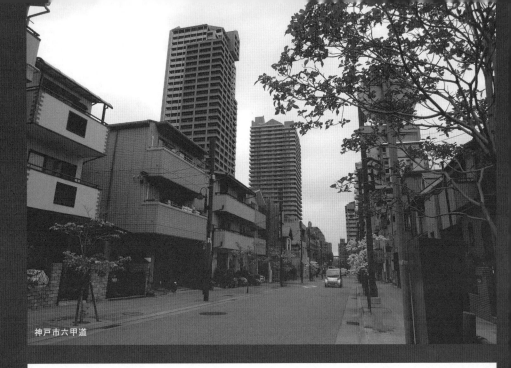

神戸市六甲道

神戸市三宮

HANSHINAWAJI PROPOSAL

提案

01 **Hub-Terminal Housing**
都市型災害における住宅供給
政策の見直しおよび改善の提案

02 新長田劇場
木造密集地の復興

03 復興過程における
空間の時限的利用

提案 01

Hub-Terminal Housing
都市型災害における住宅供給政策の見直しおよび改善の提案

池永知史　矢野 槙　前川智哉
矢吹 愼　中島健太郎　羽野明帆

阪神淡路大震災後の住宅供給レビュー

　阪神淡路大震災による住宅被害は、家屋の全半壊24万954棟、焼失棟数7456棟と甚大で、とりわけ木造密集地域にある低家賃の賃貸住宅に建物被害が集中した。居住者の多くは低収入であったため、新たに市街地に建設される民間住宅への入居が困難であり、アフォーダブルな公営住宅の大量供給が必要となった。ところが空間的・金銭的制約により直接建設による公営住宅供給数は限られる。そこで、自治体と国は借上公営住宅システムを導入し、既存の民間住宅を借上げて公営住宅として活用することで不足を補うことにした。兵庫県内では約3万8600戸の災害復興公営住宅のうち約6000戸が借上方式で供給された。
　直接建設の公営住宅は郊外立地による不人気や維持管理が課題となっている一方、借上公営住宅も、20年の契約期間満了による退去の問題が顕在化している。また、いずれも入居者の高齢化が深刻であり、長期的な視点からも、災害時の住宅供給施策の再考が求められている。

直接建設と借上方式の比較

●借上住宅制度の概要

　まず、神戸市における借上公営住宅の制度について整理する。

　民間の土地所有者が借上公営住宅を建設する際、建設費等の補助、建設資金への利子補給の適用などの資金援助が国・自治体からなされる。また、家主には国および神戸市から借上料が支払われる。すなわち、公営住宅法で規定される居住者の家賃と住宅の通常家賃の差額分を国と神戸市が負担している。借上契約期間は20年で、空き部屋がある場合でも契約期間内であればその住戸の家賃収入は保障される。利子補給は通常、市より支出されるが、阪神淡路大震災後は、阪神淡路大震災復興基金からも資金が提供されており、公営住宅法に規定された通常の民間借上賃貸住宅制度より優遇された制度となっている。

●立地の比較

　神戸市営住宅は、郊外立地のものの大半が直接建設方式、市街地立地のものの約半数が借上方式となっている（図1-1-1）。

　借上公営住宅はすべて市街地に供給されており、特に西部市街地に多い。被災者の多くが西部市街地区に居住していたため、西部市街地区の権利者に対して、10戸以上という当初の戸数用件を撤廃するなど、基準を緩和し、整備を促した。そのため、西部市街地区の民間借上住宅の多くが小規模となった。また、建設する住宅の立地は駅から徒歩15分以内という基準が設けられたため、必然的に利便性の高い場所に集中した。

1-1-1
復興公営住宅の立地分布

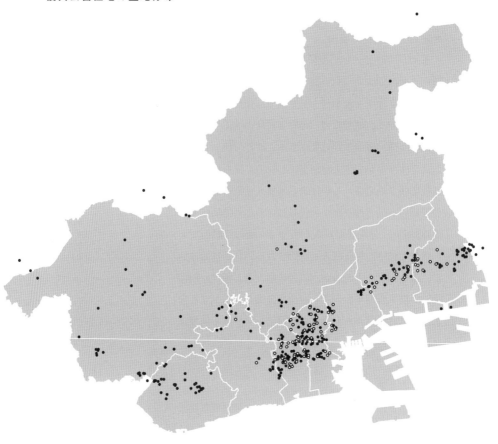

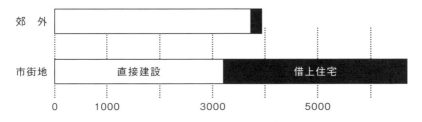

(参考:本岡(2004)「神戸市における阪神・淡路大震災復興公営住宅の立地展開」人文地理 vol.56、No.6、pp.633-648)

一方、直接建設方式に適切な用地は既成市街地内に十分に確保できなかった。住宅被害の深刻な市街地内で確保された土地は工場跡地などが多く、早期着工も不可能であった。そのため、直接建設方式の公営住宅は、大規模団地開発が可能な郊外に偏在することになった。

● 行政コストの比較

　借上方式においては新規に住居を建設する必要がないため初期投資は少額ですむが、公営住宅法に定められた家賃と民間事業者が設定する家賃の差額分を行政が負担しなければならない。そのため、行政が毎月負担する金額は直接方式よりも大きくなる。2011年度神戸市決算によると、借上住宅1戸当たりに投じた一般財源は年間64.3万円であり、それ以外の公営住宅の年間8.3万円の約7.7倍となっている。また、20年が経過すると国からの家賃助成率が3分の2から2分の1に下がるため、市の負担はさらに増大する。これら財政負担が、神戸市が借上住宅を契約満了に伴い原則返還とする方針をとったことの一因となっている。

● 入居までの流れの比較

　借上方式においては用地取得の必要がないため、直接建設方式に比べてより迅速な住宅供給が可能となる（図1-1-2）。

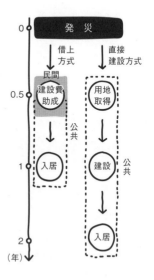

1-1-2
復興公営住宅
供給の流れ

参考：神戸市借上市営住宅
懇談会資料

Hub-Terminal Housing

　長期的な財政負担や契約満了に伴う退去問題に留意する必要はあるものの、借上制度による既存ストックの有効活用は、今後予想される都市型災害において重要な役割を果たすと考える。

　本提案では、借上公営住宅を一時的な住宅（ハブ）として位置付け、終の住処となる住宅（ターミナル）と明示的に区別した住宅供給のモデルを考える（図1-1-3）。初動段階では、先んじて供給可能である借上公営住宅への入居を進め、最優先と判断される被災者から入居を開始する。そして5年、10年と時が経過するなかで、ターミナルとなる「第二公営住宅」を継続的に供給し、借上公営住宅や直接建設方式の公営住宅というハブからの住み替えを促す。住み替えにより生じる借上公営住宅の空室は、短期居住の条件を受容できる学生などに安価に提供することにより、借上公営住宅に活力を与える効果も期待できる。

●ハブ：借上公営住宅の有効活用

　借上公営住宅を最大限活用すると、住宅の応急的大量供給に由来するさまざまな問題、たとえば利便性の低い郊外型復興公営住宅の大量発生や、それらが同時期に寿命を迎える問題などを解消できる。また、従来に比べ迅速に利便性の高い市街地中心への住宅供給が可能となる。

●ターミナル：第二公営住宅の導入

　第二公営住宅は主に市街地への導入を想定しており、用地確保や民間との調整には時間を要するが、居住環

1-1-3

Hub-Terminal Housing の概要

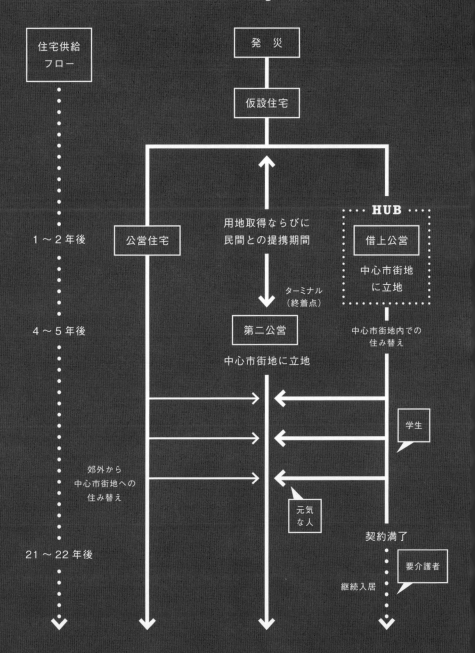

境の優れた住宅の供給を目指すことが可能となる。
　供給方法としては、直接建設に加え、民間賃貸や借上住宅の買い取り、さらには老朽化が進んだ公営住宅のリノベーションも検討する。また、発災直後に供給するよりも建築資材の価格高騰の影響を受けにくくなり、コストを抑えることができる。
　さらに、入居者に高齢者が多いことを考慮し、高齢者向け公営住宅や福祉施設付き公営住宅などとして供給することや、医療アクセス等の利便性にも配慮できる点が利点として挙げられる。このように、高齢化や人口減少による「縮退社会」における公営住宅供給・再編も可能になることから、第二公営住宅は、将来的な入居者にとっても利便性の高い、持続可能な住宅になりうると考える。

●住み替えのタイミングとライフステージ
　一般的に住み替えが行われるライフステージ上の節目について、家族・仕事・生活の3つに分類して示す（図1-1-4）。
　一般に、高齢化や病気、配偶者との死別や子どもの自立など、住み替えを積極的に捉えるタイミングはライフステージの中で存在すると考えられる。住み替えの需要を正確に予測することは難しいが、継続的に新規公営住宅を供給することで、居住者各々のライフステージの節目において住み替えを促すことができると考える。

●生活圏を考慮した立地計画
　住み替えの際、元の借上公営住宅と住み替え先が離れすぎることは、住み替え自体に対する抵抗感を生み、

1-1-4
ライフステージと住み替えの関係性

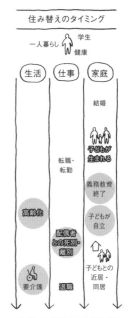

従前コミュニティとの断絶にもつながると考えられる。そこで、居住者の生活圏に配慮し、住み替え元から一定距離内にある第二公営住宅に住み替えられるような立地計画を考える。具体的には、①住み替え元の借上公営住宅から一定圏内にあること、②生活圏に生活必需施設があること、の2点に留意し、住み替え希望者のニーズに合わせて、両圏域が重なる場所に第二公営住宅の立地を確定する（図1-1-5）。なお、生活圏としては徒歩で移動できること、また生活必需施設としてはデイケアセンター・病院・バス停・スーパーマーケットを想定する。

都市型大規模災害における住宅供給のあり方

都市型大規模災害においては、適切で迅速な用地確保と大量の住宅供給が大きな課題と言える。今後起こりうる首都直下地震では阪神淡路大震災以上の被害も予想されるが、被害の正確な予測は難しい。本提案のように一時居住と定住を明確に区別し、借上公営住宅というハブ的住宅供給と、時間をかけた第二公営住宅というターミナル的住宅供給により、予測不能かつ時々刻々と変化する状況に対応可能な住宅政策を行うことが必要と考える。

1-1-5
第二公営住宅の立地決定までの流れ

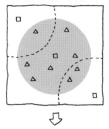

借上公営の圏域

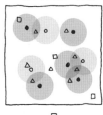

生活必需施設の圏域

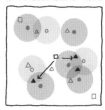

第二公営住宅立地の確定

- □ 借上公営
- ○ 生活施設A
- ● 生活施設B
- △ 第二公営候補地
- ▲ 第二公営

> 提案

新長田劇場
木造密集地の復興

佐井倭裕　小川直生　安田大顕　柴田純花　福永友樹

長田の歴史

●長田の成り立ち（〜1965年）

　阪神淡路大震災後に復興再開発事業が大規模に実施された新長田が位置する長田区は弥生時代から長い間、農村地域として発展してきた。しかし明治時代に神戸市に編入されると、道路整備や鉄道事業が開始された。一大工業地である兵庫に近いこともあり、市街地化の機運が高まっていった。大正初期には現在の長田を形作るグリッド状の街路網など都市整備が進み、第二次世界大戦で被災することなく順調に発展を続けた結果、人口は1965年にピークを迎えた。

●新長田の繁栄と商店街（〜1980年代）

　一方、大正以前から海水浴場として人気を集める須磨海岸への通り道には、市街化から間もなく六間道商店街が誕生した。1910年ころ鷹取駅から南北に大正筋商店街が発達、それと並行して、地区東側の工業集積に呼応する形で本町筋商店街が誕生する。さらに、新長田の東西の端に位置した真陽・二葉両小学校をつなぐ一本道沿いには、子どもたちを見守る地域の商店街も発展した。このようにして新長田では60間（約100m）ごとの太い道路網に商店街が形成され、街区

の内側に細街路網と高密な住宅地、場所によっては市場や飲み屋街が生まれていった。以上のような経緯で、1980年時点では店舗が集積し、工場労働者、子ども、外国人労働者などの多様な人々が商店街で生活を共有し暮らしていた。

● インナーシティ問題（1980 〜 1990 年代）

その一方で、人口集中による生活環境の劣悪化、工場からの廃棄物や大気汚染などに伴い、地場産業の停滞、人口減少、高齢化といった問題が生じていった。こうした問題に対し、1990年に入るとインナーシティ総合整備計画が立てられ、新長田周辺においても第一種市街地再開発事業や地下鉄海岸線の計画などのプロジェクトが開始された。

● 阪神淡路大震災と再開発事業（1995 年〜）

1995年の阪神淡路大震災では、木造建築密集地区において倒壊家屋から相次いで火災が発生し、大きな被害をもたらした。戦災を免れた築80年近い長屋が多く焼失したが、ここには学生や外国人労働者が多く暮らしており、下町らしい包容力を形成していた地区であった。

復興計画では、多くの老朽家屋が倒壊した新長田を西の副都心として復興すると位置づけ、44棟の中高層ビルが計画された。商業再興のため、中高層ビルの低層部に設けられた駅周辺の店舗面積は震災前の約3倍となった。またその上層階には、以前の家賃水準から大きくかけ離れた分譲・賃貸マンションが整備された。

震災後、商店街には復興元気村パラールという仮設

商店が設けられ、人々の生活を支えた。2000年時点では再開発地区の店舗はパラールで営業している。また、木造密集地区にも丸五市場をはじめとする商店が戻っている。しかし2013年になると、それらの店舗も姿を消しており、商店街としての連なりが失われ、商店街の衰退が進行したことがわかる。

現在の新長田が抱える問題（図1-2-1）

●再開発地区の課題

①空きテナントの増大

再開発後、新商店街で売れ残った保留床は市が買い取り安く貸し出すこととなった。その結果、不動産価値が下落し商業地域としての魅力が失われ、空きテナントが増大した。

②高齢化の加速

経営者の高齢化も指摘されており、商店街としての連なりの欠如とともに、後継者不足が課題となっている。

また従前権利者2126人に対し、約3000戸の住宅を供給し、新住民を受け入れている。賃貸住宅は学生用ワンルームを除き大半が従前住民用で、分譲住宅には主に新規住民が入居した。分譲住宅購入者の約30%が60代以上であり、再開発事業で意図した若年層の増加は実現せず、高齢化率は被災前に比べて上昇した。

●木造密集地区での課題：空き地問題と防災

一方、再開発地区外の木造密集地区では、震災から20年を経た現在も震災で発生した空き地・空き家が多く取り残されており、防災が課題となっている。

1-2-1

震災後の新長田が抱える課題

再開発地区における新住民の流入と高齢化

▼ 2004年時点での新住民の家族構成別世帯主年齢

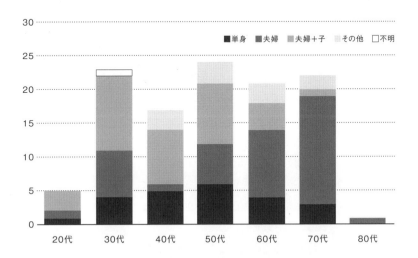

	分譲住宅	賃貸住宅
従前住民	48（24.2%）	266（80.1%）
新住民	150（75.8%）	66（19.9%）

2004年時点での従前住民と新住民の割合（アンケート回答者のみ）
（出典：塩崎賢明、堀田祐三子、石川路子（2006）「震災復興再開発地区における事業実態と入居者の属性・意識―新長田駅南地区を事例として」―日本建築学会計画系論文集.No.599、pp.87-93.）

提案「新長田劇場」

●コンセプト

新長田の木造密集地区において古くから重要な役割を果たしてきた商店街における「担い手不足」および「連なりの分断」を解決しながら、新長田の今後の姿を描くことを考えた。特に商店街の衰退とともに失われてしまった人々の暮らしの共有を取り戻すことを、新長田を特徴づける「ものづくり」「生活の一部のアウトソーシング」「住まいそのもののあり方」を通して提案する。

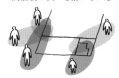

商店街が人々を繋いでいた

人々の重なりが薄くなった

●空間計画（図1-2-2）

まず六間道商店街を緑道として再整備するとともに、住宅をセットバックすることで街区内の通りを拡幅し、人々の動線を重ねることを考えた。

次に、行政が開催する「夏のものづくり合宿」に併せ、空き家・空き地を活用した簡易宿泊所を整備していく。そこに、行政と住民の中間組織がマネジメントに関わる仕組みを構築していくことを考えた。

●「新長田劇場」2014～2064年（図1-2-3）

以上のような操作を行った上で、2014年から2064年までの50年間を想定し、新長田における風景の展開、そこで暮らす人々の人生を「新長田劇場」として描いていく。

2014年、町工場や職人によるものづくりの活動を開始する。活動の拠点となる「皮革のイエ」では、皮革工房と共に見学者が工程を学ぶミュージアムの機能も持つ。活動規模が大きくなると、宿舎「煮炊のイエ」

や職人のための寮「鉄板小屋」ができ、住み込みで働く職人志望者が集まることで、新長田にものづくりの風土が根付いていく。

2034年には、見習いだった人々がここで家庭を持つようになる。子どものための広場ができ、多世代の交流が生まれる。

2040年になると、新長田は観光地としても知られるようになり、「観光案内所」が必要となる。またそれぞれの「イエ」で制作された作品を展示するギャラリーがつくられ、さらには町全体がものづくりの大学のような役割を果たすようになる。

ここで目指すのは、行政・住民・中間組織がともに協働し、小さな操作を時間をかけて積み重ねることで地域の抱える課題を解決していくことである。

こうした取り組みによって、地域改革の若い担い手を新長田地区に呼び込み、現在の新長田地区が抱える空き地・空き家の増加、人々のつながりの喪失といった課題を乗り越えることができると考える。

行政、地域住民、中間組織それぞれが連携しながら、小さな操作の積み重ねをすることで、長期にわたって持続可能な地域改革の手法を提案する。

再開発地区の空きテナント

取り残された木造密集地区

1-2-2 「新長田劇場」の空間計画

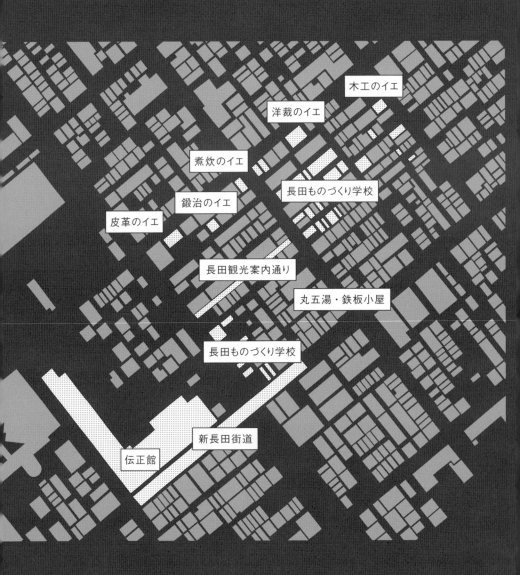

1-2-3

2014〜2064年までの「新長田劇場の展開」

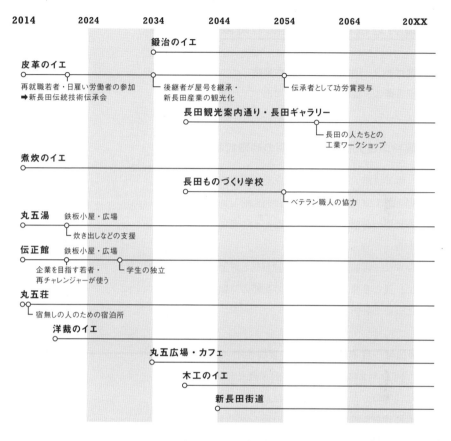

年	2014	2024	2034	2044	2054	2064	20XX

鍛治のイエ
- 後継者が屋号を継承・新長田産業の観光化
- 伝承者として功労賞授与

皮革のイエ
- 再就職若者・日雇い労働者の参加
- ➡ 新長田伝統技術伝承会

長田観光案内通り・長田ギャラリー
- 長田の人たちとの工業ワークショップ

煮炊のイエ

長田ものづくり学校
- ベテラン職人の協力

丸五湯
- 鉄板小屋・広場
- 炊き出しなどの支援

伝正館
- 鉄板小屋・広場
- 企業を目指す若者・再チャレンジャーが使う
- 学生の独立

丸五荘
- 宿無しの人のための宿泊所

洋裁のイエ

丸五広場・カフェ

木工のイエ

新長田街道

鉄板小屋
食事を通してまちの人びとがつながる
仮設の大屋根で銭湯と小屋がつながる
入浴後のひとときをまちの中で過ごす

鍛治のイエ
工場と住居が一体になった生活
居間を通して外と工場の視線がつながる

長田ものづくり学校
家の前を住民がカスタマイズ
アーケードに溶け込む観光案内所

煮炊のイエ
調理の棟
2階でパセリなど栽培
週末は食材を持ち込んで大鍋に
食卓の棟

丸五公園・カフェ
既存空家間の空き地を展示空間に
観光案内所とつながる

長田ギャラリー
住戸と工場が隣り合って並ぶ
建物の入り口を屋根がつなぐ
空地が人の集まる場所に

観光案内所
公園の賑わいを眺められるカフェ
イベント時にはステージとして利用できる

皮革のイエ
既存空家を乾燥所・倉庫として再生
中を通り抜けながらすべての工程を見学できる

> 提案

03

復興過程における空間の時限的利用

鍵村香澄　川上咲久也　長木美緒
柄澤薫冬　益邑明伸　下舘知也

阪神淡路大震災後の空間の時限的利用の分析

　阪神淡路大震災における空間の時限的利用の時間変化を図1-3-1にまとめた。復興に際して、空間の時限的利用の必要量は時間経過とともに変化することがわかる。

　次に、復興が成功したと言われる芦屋市若宮町を例に、異なるスケールで実際の空間の時限的利用の実態について分析した。

●広域〜自治体スケール：仮設住宅・避難所の分布

　図1-3-2に仮設住宅の建設〜撤去までの5年間の仮設住宅の分布をプロットした。当初、既存市街地を中心に建設されていたが、その後、仮設住宅不足により大量供給を迫られ、郊外に大きく広がっている。しかし、市街地・郊外の人気差は大きく、市街地（中央区、兵庫区、長田区）での入居率が90％であるのに対し、郊外（西区、北区）では80％以下であった。このような郊外仮設住宅への申し込みの少なさに加え、民間・他行政機関管轄の土地の貸し出し許可が出たことを受け、半年後には再び市街地（中心部）への建設が進んでいる。このように、一度郊外化し、再度中心部へと戻る動きが仮設住宅建設において顕著にみられる。一

1-3-1

災害時の一時的な空間利用と時間変化

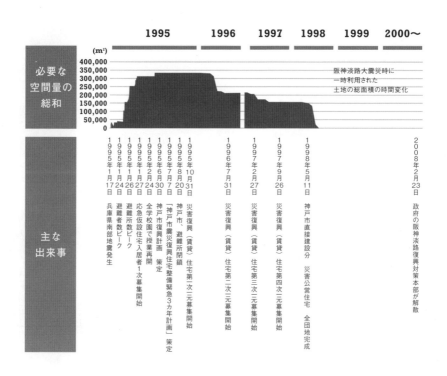

避難所
震災直後から増え続け、2〜3日目でピークを迎える。1週間で約半数に減るが、その時帰らない人は家が壊れていることも多く、長期化してしまう。

遺体安置所 応急救護所など
遺体安置所は避難所の近く、かつ空間を共有しない程度に離れた場所に置く必要がある。救護所などの避難所の要素も同様に個別の特性を持つ。

瓦礫置き場
倒壊家屋の解体が始まり、大量のがれきが集積し始める時期と処理や域外への輸送が本格化する時期には時間的なブランクがある。このブランクが大きくなればなるほど、大量の未処理のがれきを保管する土地が必要となる。

仮設住宅
応急仮設住宅の建設工事は平均32.43日、1日当たり建設戸数は245.9戸／日と、単純に建設するだけでも時間がかかる。また2年の縛りがありながらも、一度建設されると半数以上の住宅が2年以上残り続けてしまっている。

CASE1　阪神淡路大震災の復興事業をリ・デザインする　069

1-3-2

応急仮設住宅の時空間

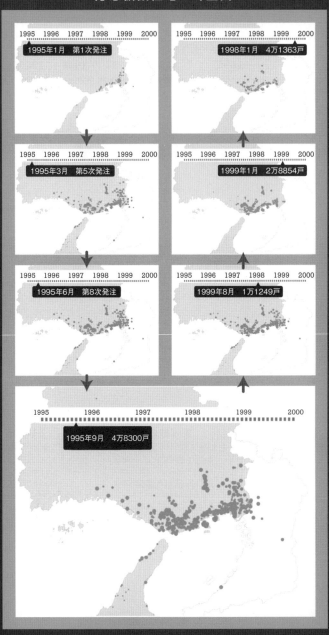

兵庫県県土整備部『阪神・淡路大震災にかかる応急仮設住宅の記録の基礎情報』より作成

方、撤去については、歯抜け的に空き家が発生していくなかで随時進められるため、建設時のような明確な流れは見えない。

次に、芦屋市のスケールで避難所・仮設住宅の分布を見ると、避難所が駅前や山側に万遍なく広がるのに対し、仮設住宅は埋立地に集中していた（図1-3-3）。これは地域ごとに立地する学校や公園を利用して避難所が設置されているのに対し、仮設住宅は長期間の利用となることから学校への設置が避けられることが多く、自ずと両者の棲み分けが行われているためである。このことは、避難所から仮設住宅へのシームレスな移行といった観点からは課題が残る状況といえる。

● 小学校区〜町丁目スケール：空間利用の変化

次に、若宮町スケールでのより詳細な空間利用の変化を見てみる（図1-3-4）。

同地域では、被災後住環境整備事業が実施され、土地の減歩と道路拡幅、公園整備、市営住宅整備が行われた。減歩や住宅の移転、道路拡幅による安全な子どもの遊び場の減少といった点で当初不満が挙がった。しかし、住民・行政・コンサルタントの間で頻繁にコミュニケーションをとることによって、事業の進行とともに住民の好感は高まり、復興の成功事例とされている。

1-3-3
芦屋市における避難所および仮設住宅の分布

避難所

仮設住宅

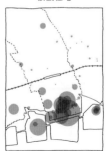

CASE1　阪神淡路大震災の復興事業をリ・デザインする

1-3-4

若宮町の変遷

若宮町 1995

地区内で土地の移動を余儀なくされた人もいたものの、公園や緑の増加、公営住宅の小規模な分散などには好感が示され、全体として住民の多くに受け入れられる復興計画が実現した。

住宅土地改良事業および住民、コンサルタント間の綿密な話し合いにより豊かな空間を創出。

若宮町 2002

代替地へ移転（11件）

凡例：
- 公園・緑地
- 全壊 or 取り壊し
- 半壊 or 不明
- 災害公営住宅

参考：ゼンリン住宅地図

復興過程における空間の時限的利用

芦屋市宮川町（図1-3-5）を対象地として選定し、阪神淡路大震災と同等の被害を想定し、ここまでで得られた知見をもとに異なるスケールから復興過程における空間利用を提案する。

●事前復興

事前復興として、被災時に活用可能な民間用地を予め選定し、仮設住宅の優先的入居など優遇措置を付けて所有者に被災時の使用を認めてもらう「協定民間用地」を確保する。また、特に集団倒壊や焼失の危険度が高い区域を「警告区域」に指定し、改修に対して補助を行うとともに、災害時には一時的に土地収用ができるよう合意を得る。以上より、被災後速やかに民間用地を活用できる体制を整えておく。

小学校区、芦屋市、被災地全体スケールの空間利用のケーススタディを図1-3-6に示す。

●復興過程の過程

図1-3-7に宮川町の復興過程における発災直後から数年後までの空間利用について提案する。

発災直後：避難者や怪我人、死者の対応に追われそのための土地利用が第1となる。遺体安置所を公共の広い空き地に設置し、撤退後速やかに仮設住宅地に転用する。また、避難所には集合住宅のロビー等も利用し、炊き出しや集会拠点としても活用する。

1ヵ月後：遺体安置所は解消され、土地は仮設住宅地へと転換する。一部の住民は集合住宅の空き室に

1-3-5
阪神・淡路大震災における宮川町の被災状況

芦屋市宮川町	
世帯数	226
建物被害 全壊	82/182
半壊	32/182
死者	11
避難者数(芦屋高校)	660
ピーク時避難者数	1500

入ってもらい（みなし仮設）、仮設住宅の建設戸数を減らす。

　3ヵ月後：警告区域で一時的に収容が行われた土地に、集会所付き仮設住宅および「住宅復興準備住宅」（1年以内の住宅再建目途が立った被災者に対して供給する1年契約の住宅）を整備し、避難所から住民が移転してくる。契約期限が切れると土地が住民に返還され再建が始まる。これにより仮設入居者の穴あき的撤退による空間利用の非効率を防ぐ。

　数年後：災害公営住宅への入居希望者の土地を買い取り、公園などとして整備し、まちにゆとりをもたらす。仮設住宅とともに作られた集会所は一部残し、役割を変えながら震災の記憶を後世に伝えていく。

時限的空間利用の役割

　阪神淡路大震災の学びから、災害後の時限的空間利用の手法を、異なるスケールから提案した。土地の特徴から自ずと決まってくる時限的利用の適性について、平時から指標化しておくことが重要である。このことが、多くの災害で課題となっている、「地域に暮らし続けながら復興する」ことにつながると考える。

1-3-6
小学校区・市・被災地全体スケールにおける土地利用の提案

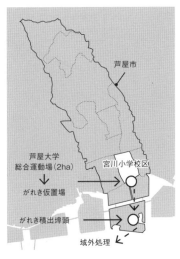

小学校区スケール

近隣町丁で過不足を調整する。地元への設置が望まれる仮設住宅敷地に着目すると、各町の建設可能戸数にばらつきがあるが、小学校区全体では必要戸数を確保することができる。

芦屋市スケール

事前協定で、大学運動場やヨットハーバーを瓦礫置場・搬出埠頭に指定する。瓦礫分別・処理用の土地は市内に望めず、市外の中間処理施設は運び出すため、主要道路脇や危険な建造物の優先など、建物解体の平準化が必要となるだろう。

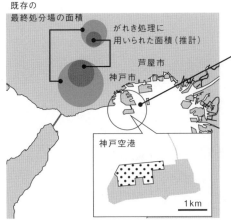

被災地全体スケール

複数自治体で仮設中間処理施設を共有するために、神戸空港の大規模埋立未利用地のような広大な敷地を確保する必要がある。また埋立処分用地の確保も課題である。

CASE1　阪神淡路大震災の復興事業をリ・デザインする　075

1-3-7

発災直後

1ヵ月

3ヵ月

数年後

解説

本田利器

　阪神淡路大震災を扱ったスタジオでは、実際に20年経過しているという事実を踏まえた調査が可能であるということも踏まえ、また背景として紹介されている話題からもわかるように、「まちづくり」に関心を持ってもらった。非常に難しく「正解」のない課題であるが、復興で重要な要素であり、また、長期的な視点が重要な課題でもあり、学ぶべきことは多い。スタジオでは、実際にそこで生活している方々に提案を聞いていただくという覚悟を持って臨んでもった。以下に3件の提案を短く振り返る。

　「Hub-Terminal Housing—都市型災害における住宅供給政策の見直しおよび改善の提案」では、借上住宅や公営住宅の制度や財政面からの違いを考慮して、社会的要請に応えつつ、その長期的な変化に対応しやすい仕組みを提案している。市街地か郊外か、建設か借上か、など、住民も行政も、その意思決定は状況に応じて変わるであろうし、その予測は非常に難しい。提案された制度が適応性を有するという情報を共有することは、社会の合理的な対応を促すために有効であろう。また、同時に、制度の不確実性を減ずることで意思決定の予測の難しさを緩和するというねらいもうかがえる。

　「新長田劇場—木造密集地の復興」では、震災後の再開発事業として成功しているとは言いがたい長田地区を対象に、課題のレビューと今後への提案を行っている。50年という長い時間を対象とするコンセプトは、ともすれば「絵空事」とも受け取られかねないが、それを現状分析に基づく適切な空間計画と構成要素（「長田ものづくり学校」など）を提示し、実現可能性をイメージさせるプロセスとして具体化することで、信憑性のあるシグナルとして発信することを意図した挑戦的な提案であるといえる。

　「復興過程における空間の時限的利用」では、阪神の若宮地区を中心に調査して

いる。複数のスケールでの空間利用に対し、時間の概念を入れた分析を行い、その効果や実効性を見いだし、それを提案に反映させている。異なるスケールでの官民のニーズやリソースを整理し、複数のスケールでの整合性をもたせたスケジュールを提案している。その実現性を高めるための要件についても考察し、事前復興として、計画に合意を形成しておく体制を構築することを提案していることも有用な示唆であろう。

　本スタジオでの議論を通じて提示された考え方に共通しているのは、震災からの20年に見られた問題点に直接的な解決策を提示するのではなく、実際の課題に対処しながらも、さらなる問題点に対処する仕組みを持つ制度の提案であったということである。スタジオでの作業を振り返ると、調査・分析を進めるにつれ、時間と空間のスケールの大きさと事態の複雑さから、解決の難しさに直面し、議論の末、問題が抱える内因的な側面の重要性に着目する方針が形成されていったように思う。具体的な提案がなされているが、それらは絶対的なものではなく、たたき台として行政やコミュニティを刺激する狙い（願い）もあるものと捉えるべきであろう。

　ここで提案されているような制度の実効性を高め、持続可能性やロバスト性を実現するには、行政や法制度の面からも考察すべき点は多い。

　スタジオでの作業の中においてもその点は認識されていたように思う。しかし、限られた時間の中ではすべてを考慮することは難しかったように思う。この点は、演習で何を重視するかにも関わる点であり、今後の課題として考えるべきであろう。

第 II 部

TOHOKU
東 北

CASE 2

福祉居住施設の計画を被災年の
復興の中で考える

ねらい

福祉居住施設の計画を被災年の復興の中で考える

大月敏雄

　2011年に起きた東日本大震災は、近代日本の震災被害の中でもずば抜けて巨大な災害であった。死者行方不明は合わせて2万人弱、その後の震災関連死とされる方の数も3500人を超えている。しかも、福島原発事故という未曾有の二次的災害をもたらした。この災害は、千年単位で人間と災害の関係を考えるなら、普通に起こりうる自然現象なのであるという認識を深く日本人に与えた。われわれは数千年に一度の災害とどう向き合うべきかという、新たな課題を背負うことになったのである。何年に一度の確率で起こる災害を想定したらよいのか。このことは、今回の復興過程において鋭く復興の現場に突き付けられた。

　全人口に占める死者行方不明者の割合が7.8%（宮城県女川町8.7%、岩手県大槌町8.3%に次いで3番目）であった岩手県陸前高田市では、復興都市計画として高い防波堤と高い盛り土による新たな市街地の形成が決定された。だが、問題はその巨大防災インフラが完成するまでの、仮住まいの期間が長すぎることであった。

　このことを懸念した陸前高田市の社会福祉法人「高寿会」は、東日本大震災後のかなり早い段階で、津波に飲まれてしまった市の中心街の北側の高台の県道沿いの南斜面地（約2ha）を買い取り、ここに高齢者用住宅を中心とする施設を建設する決断をした。法人のスタッフの多くが被災し、また、法人の利用者家族も多く被災した状況下で、一刻も早く、被災した高齢者を避難所や仮設住宅から新たな安心できる場所へ移したいという思いから、この決断がなされたのである。まだ仮設住宅の建設が続くなか、そして、陸前高田市が浸水した市街地上に十数mの盛り土を施した上に、新たに町を復興させるという復興計画を採用したこともあり、このままでは避難所や仮設にいる高齢者が、大変長い期間苦労を強いられてしまうという危機感からの決断であった。ただ、当時法人には確固とした土地利用の計画があったわけではなかった。

　近隣市で「コミュニティケア型仮設住宅」の建設を展開していた我々に、この

高台の土地利用法についての相談が持ち込まれた。そこで、これを復興デザインスタジオの課題として、「ありうべき」土地利用の方法を模索することが検討されたのである。

　このスタジオ課題を履修するのが修士の学生とはいえ、2haの斜面敷地のすべてを1人で計画することは、少々荷が重い。そこで、社会基盤学、建築学、都市工学のそれぞれの持ち味を活かした総合的な提案を期待しつつ、それぞれの専門領域の学生を3つのチームに分けて、この高台にどんな施設を建設することが、この社会福祉法人ばかりでなく、地元行政が推進する復興計画や、ひいては陸前高田市全体、そして被災地全域にどのような有意義な影響を与えることができるのかを考えるということが、この課題の趣旨となった。

　提案においては、通常行政が行うような復興計画とは違った観点が要求される。なぜなら、この課題は具体のニーズに基づくものであり、敷地所有者、事業者は特定の社会福祉法人だからである。したがって、行政が通常行うような復興事業メニューとは異なった事業メニューとし、それが行政の復興事業とうまく相補関係をつくる必要がある。また、その提案は最終的に、この社会福祉法人の関係者の前で発表され、実現に向けた次なるステップに向けて議論されることも日程に入れられた。

　本課題における、計画論的なポイントは以下の4点である。
- 本計画の敷地にとって、実際に陸前高田市が復興都市計画に描く盛り土上の町の復興計画とどのような整合性をもつべきか。
- 高齢者施設と南斜面敷地といった、相矛盾した計画要件に対してどのような展開が可能か。
- 高齢者用住宅といっても多種類あり、そのうちのどれを採用すべきか、そして高齢者用住宅以外のどのような施設メニューが配置されれば、相補的に機能を補強できるか。
- 単に施設を建設するだけでなく、それをどのように運営していくのか、どういうプログラム用意すればこれらの施設をうまく駆動できるのか。

　各提案の前には、当課題の背景となるトピックとして、被災後の異なるフェーズにおける住宅、町づくりの課題や試みについて解説を付している。

まず、大月敏雄による「コミュニティケア型仮設住宅」の取り組みを通して、超高齢社会における仮設住宅整備のフェーズでの課題について整理した。次に、田畑耕太郎の解説により、仮設住宅退去後のフェーズにおける住田町での仮設住宅リユースの試みについて把握する。最後に、尾崎信による大槌町安渡地区での復興計画策定や設計活動を通して、本設のまちをつくるフェーズにおいて重要となる「自治力」について学ぶ。

　以上のような背景を踏まえ、長い時間軸の中で持続可能な高齢者施設の計画をハード・ソフトの両面から提案を行った。

取りまく状況

東日本大震災善後策としての民間高齢者施設計画

大月敏雄

　2011年の東日本大震災後、大量に建設される仮設住宅での孤独死をどう防ぐかが喫緊の課題として認識された。1995年の阪神大震災では仮設住宅における孤独死が250件を超えていたという報道もあり、それよりもはるかに高齢化が進んだ2011年において、さらに、過疎化により高齢者の割合が全国平均よりはるかに高い地域において、仮設住宅における孤独死の課題は、より一層重要な課題だと受け止められることになった。しかし、実際に建っている仮設住宅は、空間的にそのような配慮を施してデザインされているようには見えなかった。これに対応すべく、震災直後の東京大学高齢社会総合研究機構の臨時の運営委員会では、「医療、看護の研究者はすでに現地に飛び、精力的に活動されているが、東京に残っている我々は一体何をすべきなのか？」という議論が始まった。そして、救命、避難の次にくるのは、復興までの長い道のりをすごさねばならない仮設住宅での暮らしであり、そこに超高齢社会ならではの課題が浮かび上がってくるに相違ない。まずは、今準備されつつある大量の仮設住宅で課題となりそうな孤独死に対して、予防的に実践活動をしていこう、ということになった。

コミュニティケア型仮設住宅

　今回被災した沿岸の地域は、すでに高齢化率が4割、5割、6割のところがざらで、日本全体の未来を先取りしたような社会状況をすでに呈していた。高齢者が孤独死しないような仮設住宅環境をいかに構築するかという点を主眼におき建築や都市計画をはじめ、機械、医療、行政学などを専門とする教員が中心となって、「コミュニティケア型仮設住宅」の計画と実現に取り組むことになった。その結果、遠野市と釜石市において、我々の提案が実践に移された。

コミュニティケア型仮設住宅の延長としての計画

　実現した仮設住宅は、「医」・「職」・「住」をテーマとし、住宅ばかりで構成されることなく、医療や介護系のサービスも提供できる環境を目指した。また、仮設住宅に住む人々に職業の機会を提供できるようなものが必要だという主張に基づくものであり、釜石市では規模が大きかったので、仮設住宅の中に仮設商店や事業所を設け、バス路線の停留所を団地の中央に設置した。
　「コミュニティケア型仮設住宅」のもう1つの主眼は、「孤独死を防止できる環境」であった。このため、全体の30～40％の住宅をケアゾーンとして指定し、住棟の前に木製デッキと屋根をかけ、そこに自然と家の中から人々が家の外に出て、そこを第2のリビングルームのように使ってもらうことによって、ケアゾーンに住む人々同士の自然な見守りが可能となるような計画であった。ただ、残りの60％の住宅については、通常の仮設住宅のような平行配置とした。これは、必ずしも仮設に住むすべての人々に対して、見守りが必要なわけではないこと、むしろ、若い人などにとっては、こうした環境は息が詰まりそうなものであることを考慮してのことであった。
　今回の、「福祉居住施設の計画を被災年の復興の中で考える」は、このコミュニティケア型仮設住宅を見た陸前高田市内の社会福祉法人「高寿会」の方から、震災後の、高齢者を中心とした居住施設の整備について考えているので、協力してほしい、との要請からスタートしたものであった。

| 取りまく状況 |

木造仮設住宅リユースの可能性

田畑耕太郎

木造仮設住宅の払い下げ

　東日本大震災から6年が経過し、被災地における応急仮設住宅の入居者数は軒並み減少傾向にある。岩手県住田町では、後方支援拠点として延べ93棟の木造仮設住宅が整備されたが、県道の拡幅工事に伴い1団地13棟が取り壊されることとなった。

　残る住宅群も今後時間をかけ解体されていくものと考えられるが、住田町では木造仮設住宅のリユースを企図し、従前の居住者を対象に払い下げを実施している。移築にかかる解体費、輸送費等は申請者負担だが、3万円で現状の物件をそのまま引き渡す。上記の3棟を含め、2017年9月までに22棟が払い下げられ、倉庫や集会所として再利用された。

リユースの可能性

　2016年5月には新たに2棟の住宅を大船渡市の綾里漁協小石浜青年部に払い下げ、三陸鉄道恋し浜駅そばの交流拠点「恋し浜ホタテデッキ」へ移築することとなった。同施設の離れとしての利用を見込み、食堂やギャラリーとして活用する。新設する食堂では旬の海産物を提供し、またギャラリーでは小石浜を描いた油絵や海中写真などの展示を行うことで、震災後の歩みを発信していく予定だ。

　リユースのシステムがある程度整っているプレハブ仮設に比べ、木造仮設に関するノウハウはほとんど用意されていない。「乾きもの」で構成されるプレハブの場合、部材レベルでの保存が可能であり、仮設住宅としての再利用も見込める。一方、部材が「生もの」で構成される木造となると、一定の保存期間を挟んだ場合、再組み立てが著しく困難になるという点がいくつかの解体と移築を通して明

らかになった。したがって、木造仮設をリユースする場合、「仮設を仮設として」使うのではなく、解体からさほど間を置かず、「仮設を本設化して」使い続けることが多少なりとも現実的であると考えられる。

前例を手渡す

　仮設住宅という1つの「まち」を閉じていくにあたり、諸々の問題が表面化するのはもう少し先のことかもしれないが、それに向け準備しておけることは数多くある。差し迫った課題としては、仮設住宅の解体・処分費用の確保や、居残った居住者の存在などが挙げられよう。災害公営にも行けない、自力再建もできない、そうした層の選択肢として、たとえば、仮設住宅を払い下げ、本設化するというような制度がありえないだろうか。そうしてみると、冒頭の恋し浜移築プロジェクトもさまざまな意義をもって語ることができるだろう。

　幸いにして、住田町は町独自の予算で仮設住宅を整備したため、県の判断を仰ぐことなくその行く末を判断・決定できる。「仮設住宅はここまで柔軟に運用できる」という前例ができれば、国や県、その他さまざまな関係機関がこれ以降に法を運用する際の判断材料、あるいは説得材料になりうる。また、結果として被災地に対し多様な選択肢を提供することにつながるだろう。

　昨今の状況を見ても分かる通り、被災地と名の付く自治体は増加の一途を辿ると考えられる。そうした未来に向け、前例という種を蒔き、多様な選択肢を提供できる土壌を育んでおくことも事前復興の1つのあり方であり、また「震災以降」を生きる我々が果たすべき使命なのではないかと考えている。

取りまく状況

津波被災地の自治力と空間
岩手県上閉伊郡大槌町安渡地区の復興現場より

尾崎 信

　地方では、インフラ、生活、福祉などさまざまなサービスの存続が危ぶまれている。このような地域の持続性における論点の1つとして、地域がいかに主体的にみずからの地域のことを考え、対応していくか、という「自治力」が挙げられる。
　ここでは、東日本大震災の津波被災地である岩手県上閉伊郡大槌町安渡地区における公共空間デザインの取り組みを紹介する。

安渡地区の被災状況

　大槌町は、震災前で人口約1万5000人（うち安渡地区は約2000人）、面積わずか20km²の可住地は、大槌川と小鎚川の合流する湾頭の沖積平野や湾脇等の狭い土地に限られる。東日本大震災の津波では、中心市街地および安渡地区を含む海岸沿いの集落が壊滅状態に陥り、町全体で1234名（2016年2月時点）、安渡地区で218名（2013年3月時点）の方が犠牲になるという甚大な被害を受けた。

安渡地区における自治力の源

　安渡は、古くから漁業で栄えた集落であったが、1960年代よりその規模は縮小を続けている。漁業華やかなりし頃は漁業者が発言力を持っていたが、1990年代半ばに町内会が発足したことを機に、町内会が公式に地域の自治を担うようになる。そして、町内会の発言力は強い。裏を返せば、それだけ地域の紐帯が強く、地域住民に信頼されている組織であるとも言えよう。
　生業を核とした共同体でなくなったにもかかわらず強い自治力を維持している背

景には、活発な地域活動がある。大槌の祭では伝統芸能（虎舞、鹿踊り、大神楽等）が競い合うように披露されるが、安渡だけで4つの伝統芸能団体があり、ほとんどの安渡住民がいずれかの団体に属しているという。また、お茶っこの会や芸能祭、スポーツなど、40を超える多様な地域活動・趣味の会が存在する。これらを通じて、地区住民は年齢も職業も越えた人間的な相互理解を深めている。このような場が地域の自治力涵養に強く影響していると考えられる。

自治力を醸す空間のデザイン

　それゆえに、広場や公民館などのパブリックスペースの検討時には、これらの地域活動を受け入れ、充実させていくためのさまざまな工夫を講じた。神社参道につながる広場は祭の重要空間だ。ゆえに歩道へと舗装を連続させ、歩車境界の切下げ部を広げ、車止めは引き抜けるようにした。祭の日には道路まで一体の祝祭空間となる。公民館では、使用料を払わずに誰もが自由に団らんできる場所を玄関付近に配置し、その脇に広場への開口と縁側を設けた。団らんに訪れた大人たちが、室内で宿題をする子どもや外で運動をする子どもを自然に見守れるという工夫だ。1つ1つは小さな配慮であるが、住民へ「どのように使うか・使いたいか」を尋ね、設計へ反映させていった。

　震災から早6年が経とうとしている。現在、安渡地区ではわずかに26宅地分の基盤整備が完了しつつある、という段階だ。あまりに時間がかかっており、復興事業の枠組み自体を省みる必要性を痛感する。一方、2016年12月に竣工を迎えた安渡公民館・避難ホールは希望だ。共同体のための空間が、再び地域住民をつなぎあわせ、自治力の醸成を支えてくれることを強く願っている。

安渡公民館の団らんスペース。左手には縁側越しに旧安渡小学校のグラウンドが広がる。

避難ホール階段脇のスペースで出番を待つ伝統芸能団体の子どもたち。

まだ仮設住宅の残る公民館前。落成式には300人弱が集まった。

TOHOKU
PROPOSAL

提案

01 結びつく、街と暮らし

提案

結びつく、街と暮らし

01

陸前高田の変遷と被災状況

　岩手県陸前高田市は元々、浜街道と今泉街道との結節点に発展してきた宿場町である。伝統的な家屋の多い今泉地区に元々の中心があったが、新たな街道の整備（1936年）により街の重心は東に移っていく。1982年、気仙大橋の完成で高田地区へのアクセス性も高まり、2010年の地図を見ると、市街地が街道沿いから山の方へも延びていることがわかる（図2-1-2）。

　東日本大震災により、陸前高田市は死者1556人、行方不明者217人、家屋倒壊3341棟にのぼり、県内で被害が大きかった自治体の1つである。

現行の復興計画と課題

　図2-1-1は現行の復興計画に基づく海から高台までの断面模式図である。現行の復興計画では、12mの防潮堤によってレベル1の津波（100年に一度の津波）を防ぎ、8～9mの盛り土によってレベル2の津波（1000年に一度の大津波）を防ぐ計画となっている。しかし、この事業が進められている現在も、人口の流出などの問題が生じており、これだけのメガインフラをこれから50年間どうやって維持していくかといった問題が残っている。

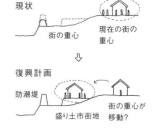

2-1-1
現行の
復興計画模式図

094　東北

2-1-2

陸前高田市の変遷

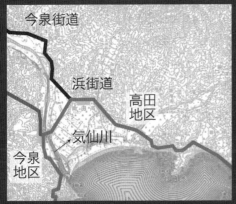

1916

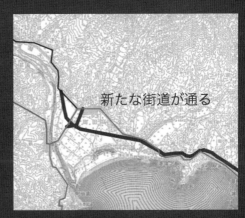

1936

1969

2010

●人口の流出と高齢化の加速

　図2-1-3は2040年までの陸前高田市の将来人口推計で、2040年には2010年の56％にまで落ち込むと予想されている。高齢化率も、2040年には51％になると予測されている。現在も、毎月約20人の人口流出が続いており、どのようにして人口流出を防ぐかが1つの課題となっている。

●居住形態選択の問題

　復興が進むなかで住民は自宅から避難所、そして仮設住宅、さらに災害公営住宅や高齢者施設、自力再建へと居住先の移転を進めなければならない。特に高齢者にとって、この選択は容易ではない。地域内での自力再建は費用がかかり、災害公営住宅の完成には時間を要する。また、第三の選択肢であるサービス付き高齢者住宅は費用が高いのが課題である。このような状況のなか、より安価な住居を求め、市外への移住を選択する住民も多い（図2-1-4）。

復興と都市構造の変化

　被災直後、津波浸水線より高台に位置する施設を中心に新たなコミュニティが形成される。これに合わせてバスルートの変更や、乗降客数の少ない地区にはデマンド交通が始まり、大船渡線に代わってBRT（バス高速輸送システム）が市外と繋がった（図2-1-5③）。

　このような都市構造の変化を受けて商業集積の形成にも影響がみられる。商業集積の中心となったのはスーパーマーケットや仮設市庁舎、米崎小学校などの街道結節点であった（図2-1-5④）。街道結節点は

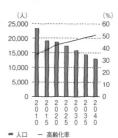

2-1-3
陸前高田市将来人口と高齢化率の推計

出典：将来推計人口、国立社会保障・人口問題研究所（2013年3月推計）

2-1-4
被災者の居住選択問題

2-1-5

被災後の復興プロセス

① 被災直後
被害を免れた街の要素

② 仮設住宅建設後
新たなコミュニティの形成

③ 交通機関の変更
バスルート・BRTの開通、生活圏の変化

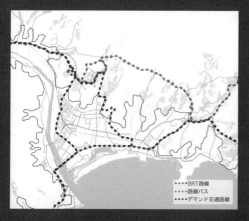

④ 民間商店の発達
自発的な街の活性化、街の重心の変化

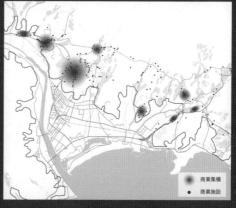

住民の生活のノードとなり、重要な拠点となるポテンシャルを持っていると考えられる。街の中心が高台の街道結節点にある理由として①低地を盛り土し、その上に市街地を形成する計画は時間を要するため、高台の土地利用が進んでいること、②高台は復興マスタープランで土地利用方針が定められていないため、開発がしやすく、高台の街道結節点を中心に商店や自力再建の住宅の整備が進んでいること、の2点が挙げられる。

新たな復興計画の提案

●街道結節点を拠点とした都市構造の形成

　以上のような状況を踏まえ、私たちは、街道結節点に拠点施設を配し、その周辺を商業地区に指定することで、現在の街の重心を強めることを考えた。防潮堤は約6mとし、盛り土も現在進められている以上の事業は行わない。できるだけ早く生活基盤を整備することが復興において重要であり、そのためには現在の自然発生的な重心をそのまま利用するべきと考えた。

　街の重心に近い地区に住宅開発、低地部では農地利用を進め、最も海に近い地区は公園地区とし、松原の再生と併せ、レクリエーションゾーンとする。街道結節点に配する拠点施設は、ホームセンター、市庁舎（仮設市庁舎の位置に本設する）、道の駅、米崎小学校、そして提案対象敷地に計画する高齢者福祉施設である。これらの拠点施設と高台住宅地、低地のレクリエーション施設を結ぶよう、現行案の市内循環バスのルートを変更した。計画年次は2018年を想定している（図2-1-7）。

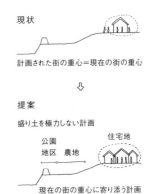

2-1-6

提案する
復興計画の模式図

2-1-7

2018年復興マスタープランの提案

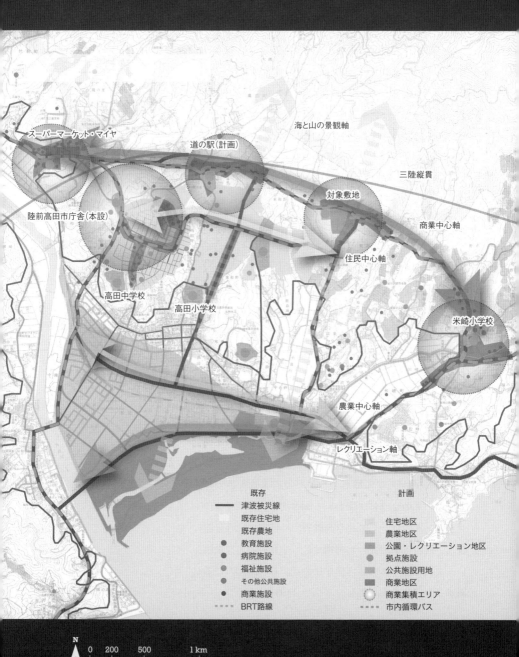

サービス付き高齢者施設の計画

●敷地のポテンシャル

　社会福祉法人高寿会が試みている高齢者福祉施設計画の対象地はBRTや市内循環バスの路線、スポーツドームとも隣接している（図2-1-8）。中心市街地のフリンジとなり、農業地区とも隣接している。近隣には県立高田病院や高寿会の養護老人ホームもある。これらの要素と隣接した立地を活かした土地利用が可能と考えた。また、人口減少下で地区単位から集落単位に計画単位が縮小していくなかでも維持しうる配置計画とすることが望ましいと考えた。

●「共」と「個」の調和

　商業施設を敷地の街道沿いに配置し、隣接する農業地区の産品の販売を行うこととともに、スポーツドームから来る人の動線にも配慮した計画とした。敷地の南側にはサービス付き高齢者向け住宅と分譲住宅を配した。高齢者住宅の運営費は、商業施設の賃料と分譲住宅の土地代収入で補うこと、また、入居者が施設内の商業施設で働き、収入を得られやすいようにする。高齢者住宅棟中央部には食堂や学童施設などの共用施設を設け、これを分譲住宅居住者も利用できるようにし、居住者が互いに触れあうことのできるスペースとした。このように、賑わいと資金面の両面で3つのゾーニング（サービス付き高齢者向け住宅、戸建分譲住宅、複合商業施設）が連携しあって互いの欠点を補い、また外部のニーズも受け止めながら、街における拠点となることを目指した（図2-1-9）。

2-1-8

対象敷地と周辺環境との接続と、敷地内配置計画の模式図

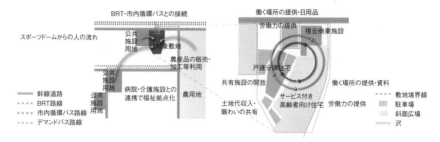

2-1-9

1F レベル平面図

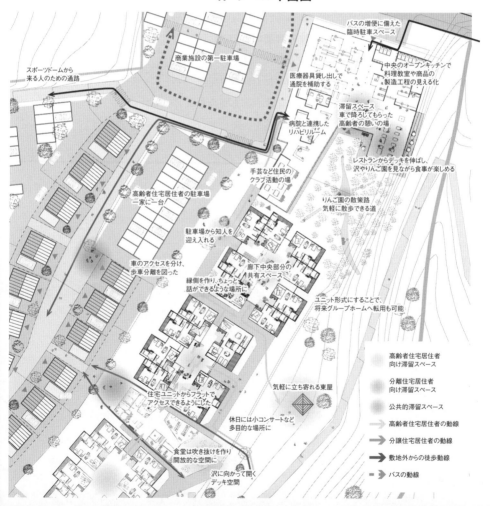

●高齢者住宅内部の共有スペースと室構造

　高齢者住宅は8戸で1ユニットとし、中央の廊下部分を掘り込んで共用スペースとした。各ユニットは大屋根で覆い、将来的にグループホームなどへ用途転換が可能となるように計画した。各戸の入口はセットバックし、共用スペースから少し区切ることで、プライバシーを確保した。一方、ベランダを設けて外部との連続性に配慮した。各戸は約49m^{2}であり、仮設住宅よりも広くして収納も増やし、高齢者のニーズを満たすように工夫した。

●被災地における福祉居住施設の計画のあり方

　今回の提案では、復興にかかる時間を短縮しつつ、都市レベルから建築レベルまでの復興における空間像を提案した。災害によって自ずと変化する都市構造を受け入れ、活かしながら将来の復興の姿を計画していくことが重要ではないかと考える。

解説

羽藤英二

　このスタジオは、建築学専攻が主催するスタジオであるが、社会基盤学専攻と都市工学専攻の学生も参加し、高台斜面地の高齢者住宅施設の建設に取り組んだものだ。

　当時、岩手県の被災地の中でも突出して被害規模の大きかった陸前高田市では、人々が住むためにかなりの面積の「平地」を必要としていた。一方で地形的な制約から高台に土地の確保が難しいという状況に直面していた。議論の末、防潮堤の高さは岩手県との協議によって（地元要望を大きく下回る）12.5mと決定した。これにより、平野部の嵩上げ敷地規模の制約条件の整理が始まることとなった。

　県と鉄道事業者の間でなかなか合意の取れなかった鉄道復旧プランは「仮復旧」という言葉で両者の歩み寄り合意を果たしたことで事態が動き出していた。鉄路ではないBRTが採用されたことで、大船渡線の線路位置に復興市街地の規模と位置が拘束されない＝従前の市街地復興計画から事業規模を縮小、（高台移転のための切土量とバランスをとったうえで）市街地の嵩上げ規模や高台側のまちづくりについて論じられる可能性が生まれつつあった。しかし、現実の復興計画は難しい。

　市民の帰還に向けたまちづくりの体制とシナリオは硬直化し、仮復旧という言葉で、BRTではなく鉄路復活の可能性も持たせるなど、希望的観測に左右されていた。

　こうしたなか、学生たちによる民間の高齢者向け住宅の計画づくりがスタートした。陸前高田の高台復興の中でも、民間施設の計画とはいえ、敷地面積は2haと広く、被災地の今後の新たな住まい方と地域の見立てが求められていた。ビルディングタイプは決まっていたが、高台同士の連絡を考えると、車なしの暮らしは考えられない。車の利便を確保しうる駐車場のスタディを行ったうえで動線を

確保し、斜面のコンターに対して垂直に通り抜けられる歩行者の静穏な中庭と眺めをつくったうえで、共用可能な食堂を配していたことが印象に残っている。

闇雲な平野での市街地の展開は事業規模を拡大させれば財政負担は重く、一方で防災集団移転頼みでは高台にスプロールした市街地が展開され、持続的な地域の継承が難しくなる。彼らが提案した骨格となる道路と施設の再立地と建築的提案には、そうした事態への処方箋が提案されていた。なかでも目をひいたのは、彼らは議論したうえで、平野部と高台の釣り合いをとるための基盤ストックとして、高台を抜ける道路と平野部からコンターに垂直に抜けるT字型の道路ネットワーク沿いに町の重心を動かすことを提案していたことだ。

都市工学科は、都市の文脈の読み解きや施設配置に優れた発想を持っている。広域から集合住宅までスケールの異なる空間提案ができるのが特徴だ。一方の建築学科は、兎に角建築で表現する。窓の向きや間取り、建屋の方位からビルディングタイプまで形がつくれてデザインの提案ができるのが特徴だろう。彼らが一緒に議論することで、こうした具体性のある提案につながったように思う。それにしても復興は難しい。事業制度や進め方は重要だが、あまりにも複雑化してしまうと、策におぼれてしまい、理念を見失うことになる。客観的に計画を見直す勇気は必要不可欠であろう。そうした点まで考え抜かれていたチームがあったことが印象に残っている。

提案のその後

陸前高田市のサービス付き高齢者向け住宅建設における復興支援

齋藤隆太郎

　震災から2年が経った2013年から、社会福祉法人高寿会（以下、高寿会）が震災直後に購入した約2haの土地で、被災した高齢者を中心に住宅地を提供するための、さまざまな計画の提案を行ってきた。

　高寿会では、行政が行う被災地の嵩上げを中心とした復興とは違う形で、被災した高齢者たちにいち早く住まいを提供する目的で、被災地北側の南斜面に沿った県道に接する山林を購入した。しかし山林は同時に斜面地でもあり、「高齢者と斜面地」という相反する課題を解く必要があった。そうしたなか、遠野市や釜石市でコミュニティケア型仮設住宅を提案・実践していた我々に計画・設計の協力が求められた。

　土地の購入当初から、明確な建物用途を決めていたわけではなかったため、サービス付き高齢者向け住宅（以下、サ高住）、デイサービス、訪問介護センター等を含んだ、高齢者施設を中心とする複合的な計画が検討されていった。どのようにしたら2haの斜面地全体を「おらほの村（方言で、私たちの村の意）」として段階的に開発していけるかが議論された。

スタジオ課題から実施計画への昇華

　初期の議論を踏まえ、まずは多面的にこの土地の利用の可能性を探ろうと、2013年度の東京大学の復興デザインスタジオの課題としてここを取り上げ、いくつかの案がありうることが確認された。次のステップとして2014年から2015

年にかけて、サ高住を中心とした建築をまず建設することに議論が絞られていき、補助金や運営といったソフトな側面の検討を踏まえ、実施へ向けたより具体的な議論が繰り返された。こうして、2015年末には、20戸のサ高住を建設することが決まり、その後実施設計のサポートに進むことになった。

被災地域を慮った造成と建築

　実施設計に向けて、最もシビアな課題は資金であったが、同時に「この場所だからできる計画」を追求しながら、建築計画・設計が行われていった。
　敷地が斜面地であることから、造成工事のコスト増が予想されていたので、なるべく造成量を減らすために等高線に沿った敷地取りを計画した結果、大きく南側にウィングを広げる両翼型の配置計画となった。このことによりなるべく山の掘削量を減らしコストダウンを図ると同時に、居住者の動線計画において垂直方向の移動をゼロにし、水平方向のみの動線だけによって成り立つ空間であることを優先した。
　こうして南斜面に向かって大きく翼を広げて、見晴らしの良い南の庭を望む配置計画が獲得されたが、さらに、高齢者のための居室の配置をあえて北側とし、南側には見晴らしの良い縁側的な廊下を配置することとした。通常の高齢者施設では、住宅居室が南側に面することが要請されることが多いが、本計画ではあえて、南側に廊下をもってきている。廊下を北向きにとってしまうと、住宅と食堂などの共用施設をつなぐ中間の空間である廊下が、冷たく、ジメジメした、寂しく貧相な空間となることが多いために、廊下をあえて南側にもってきて、廊下をあたかも第2の居間のような、あるいは縁側のような空間とした。加えて、廊下にくぼみをつくってそこにちょっとした座るスペースを付加することにより、い

学生ワークショップの様子

ろんな形で居住者が廊下に居場所をつくれるような配慮を行っている。当然、住宅にも心地よい直射日光が入るようにハイサイドライトを設け、部屋の居心地の改善にも努めている。また、部屋と廊下の間はお互いの気配がわかるようにして、キッチン、玄関扉、トイレの窓で廊下とつながるようにしている。

　一見奇抜なこの提案を、事業者が受け入れてくれた背景には、遠野と釜石で実現していたコミュニティケア型仮設住宅において、廊下を裏舞台から表舞台へ移す計画が多様な居住者間のコミュニケーションを誘発することをすでに実証済みであったことが大きいと思っている。

　こうして、高寿会の高齢者用住宅計画プロジェクトは、実施へ向けて動き出しており、2017年度の完成を目指して進んでいる。

CASE
3

<u>福島の</u>
<u>風景再生計画</u>

> ねらい

福島の風景再生計画

窪田亜矢

　東日本大震災は、地震と津波とそれらに伴う福島第一原子力発電所の事故（以下、原発事故）を要因とする。地震と津波は自然現象だが、後者はメルトダウンや建屋爆発、その後の放射能拡散汚染への対応の遅れなどによる人為的災害である。その結果、福島県民の避難者は最大16万4865人（2012年5月）に及び、6年を経ても7万7283人（2017年3月）が避難生活を強いられている。警戒区域が3つに再編され、避難指示解除準備区域や居住制限区域の避難指示の解除が続いているが、帰還率は低いところも多く、元の生活は戻っていない。帰還困難区域への対応策はみえない。

　こうした状況に対する国際的関心はきわめて高く、福島は、まったく抽象的なレベルで、すなわち「フクシマ」として世界的に有名になってしまった。一方で、国内の社会的理解はきわめて低い。

　福島の復興において最も重要なことは、原発災害の象徴的存在になった「フクシマ」を、いかに福島という固有名詞をもった、特有の風景をもった、実体のある存在に戻すかということであり、そのための空間計画を必要としている。帰還する人が土地に根付いて生きる暮らしを支え、帰還しない人と故郷とのつながりを保ち、そこから生じる美しい福島を次の世代に継承する方法を、空間としていかに実現できるか。

　まずは、どのような人々がどのような土地でどのような暮らしを営んできたのか、というこれまでの実態を理解することから我々は課題を始めた。

　次に、原発被災とは何か、どのような被害をもたらすのか、という未曾有の問題を理解する必要がある。廃炉事業の進捗、中間貯蔵施設の計画、汚染物質のコントロール、被災直後の内部被ばくへの懸念など、いずれも不確定要素が多く、空間計画を検討するのには非常に困難な状況である。こうした困難さの中で、計

画によってどのような希望のあり方が可能になるのだろうか。

　被災前の福島と、被災の実態を知ることは、福島の未来像を語るための必須である。さらに、環境回復に要する時間とそこで生きる人間の人生という時間を重ね合わせる工夫も必要になるだろう。

　一方、「フクシマ」に普遍性を見いだし、それを演習課題の対象とすることで、福島の問題を原発被災一般に敷衍できる。原子力発電所の事故は、国際原子力事業評価尺度による影響度が設定されているが、福島第一原子力発電所炉心溶融・水素爆発事故は、1979年スリーマイル島原子力発電所事故、1986年チェルノブイリ原子力発電所事故と並んで、最悪のレベル7となった。チェルノブイリからわずか25年で再びレベル7の事故は起きているのである。

　だからこそ現地に学び、原発被災とは何かを整理し、その復興とは何かということの可能性を提示する必要がある。それが未来の原発被災地域にとっての復興のヒントになりうるだろう。

　提案の前に、当スタジオ課題の背景として以下のトピックを取り上げる。

　まず、森口祐一の解説により、放射性物質汚染の除染の取り組みについて把握する。特に環境回復、被災地の復興にとって本当に効果的な除染のあり方を問い直す「除染の適正化」の重要性について理解する。

　また、児玉龍彦からは、除染に加え、放射性廃棄物処理の課題と可能性が提示されている。廃棄物をどのように処理し、地域のイメージの転換を促すことが可能か、という点は今後の福島の復興を考える上で重要な要素となる。

　このような背景を踏まえ、放射性物質汚染と向き合いながら、いかに福島の風景の再生を実現していくことが可能か、「帰る／帰らない」という2軸に留まらない、復興のグランドデザインを提案した。

> 取りまく状況

除染・環境回復に向けた課題

森口祐一

　東京電力福島第一原子力発電所の事故に伴い大量の放射性物質が環境中に放出され、大気、水、土壌、生態系、農林水産物、そして我々の生活の代謝物である下水処理汚泥や廃棄物焼却灰など、多岐に亘る媒体中から放射性物質が検出されてきた。こうしたなかで、生活環境を回復していくためには、放射性物質による汚染の実態を正確に把握し、総合的な理解に基づいて対応策を講じていくことが必要である。

放射性物質と除染

　広範囲に亘る放射性物質汚染の原因となったのは、大気中への大量の放射性物質の放出と、移流・拡散を経た陸上への沈着である。市街地、農地、森林などに降下、沈着した放射性物質は、風雨などによって移動し、事故から時間が経過するなかで、その空間分布は変化しつつある。ヨウ素131に代表される半減期の短い核種については、初期被ばくによる人の健康への影響が主たる関心事であるが、セシウム137などの半減期の長い核種は、多様な経路を移動しながら環境中に長期間にわたって残留する。人々の健康や生活を防護するためには、放射性物質を人々の生活や生産の場からできる限り取り除き、隔離することが求められる。その手段の1つが除染である。

除染の適正化

　放射性物質汚染対処特別措置法（特措法）が2012年1月に本格施行された。この法律のもとでは、警戒区域、計画的避難区域に指定されていた地域を対象に国による直轄除染が、汚染状況重点調査地域に指定された福島県内外の約100

市町村については、自治体が策定した実施計画に基づく除染が実施されることとなった。除染の効果は土地の利用形態によっても異なり、とくに森林の除染が懸案課題である。また、仮置き場の確保や同意取得の問題などから、除染の進展度には大きな地域差があり、当初2013度末の完了を目指していた除染期間の延長が決定された。（追記）その後、計画された除染は2016年度末までに概ね完了し、避難指示が未解除の帰還困難区域内についても、復興拠点整備に向けた除染の検討が行われることとなった。

　除染対象として、人の健康とくに子どもの健康の保護の観点を優先すべきことは当然であるが、農林水産業の復興や生活の場としての安心感といった観点も含め、どのような目的で、どのレベルまでの除染を、どの範囲について行うのかに踏み込んだ議論が必要であろう。環境回復、被災地の復興にとって効果的な除染のあり方とは何かを問い直すことを、本来の「除染の適正化」と捉えたい。

今後の復興デザインに向けて

　2013年9月には、原子力規制委員会のもとに「帰還に向けた 安全・安心対策に関する検討チーム」が設けられ、5人の外部有識者の1人として参画した。11月にとりまとめられた基本的考え方では、帰還の選択をするか否かにかかわらず、個人の選択を尊重すべきことなどを前提としたうえで、個人の被ばく線量に着目したきめ細かな防護策や、相談員制度などを盛り込んでいる。除染などによって被ばく線量をどこまで下げられるのかは、避難中の地域への帰還の判断の重要な要素であるが、生活環境を回復するためには、放射線量以外の問題にも対処が必要である。家屋の損傷への対処や、インフラの回復など、物的な側面での環境回復だけでもより幅広い視点が必要である。また、除染・帰還以外の選択肢も含めた複数の復興の姿を示すことや、そうした復興のデザインについての地域社会における合意形成のプロセスにも専門家の貢献が必要である。行政、学術の分野においても、分野横断的な取り組み体制は未だ十分とはいえない。科学・技術の総力を結集して問題改善につなげるには、より緊密な連携と現地の実情のより深い理解が必要であろう。

取りまく状況

福島における原発事故からの再生の取り組みと復興への課題

児玉龍彦

原発被災地での活動経緯

　東京大学アイソトープ総合センター（以下、センター）で議論し、2011年5月から週1回程度、楢葉町から浪江町、南相馬市と回って、現地支援を行うようになった。センターでは、当事者主権という考え方で、自治体の要望に対応することを重視していた。
　南相馬市では市長と連携し、幼稚園の問題と常磐自動車道の開通、汚染米検査の仕組みの構築など、現地で依頼のあったことに取り組んでいた。一方、全域で避難指示が出ていた楢葉町や浪江町では、避難先の自治体職員と相談し、空間線量調査等を行っていた。

　当初は、幼稚園の線量測定や学校の除染計画立案の支援を主に行っていたが、点から線、そして面へと広げていく、という考え方が重要と認識していた。点としての学校や役場の除染も重要だが、自治体は、線としての常磐自動車道が重要という認識であり、2011年の8月頃から、常磐自動車道の工事を完了させ、開通させるための計画策定支援に取り組むようになった。
　当時、NEXCO東日本（以下、NEXCO）の職員には、放射能の専門家がおらず、道路管理等を行う職員の被ばく線量が懸念されたため、常磐自動車道には、なかなか手を出せなかった。しかし、NEXCOの佐藤会長兼社長（当時）が、常磐自動車道を開通させる意向を示し、2012年1月初めには、NEXCOから計画を示すよう指示された。同年中に開通作業が開始され、全線開通（2015年3月）に至った。JR常磐線が全線開通に至っていないことも踏まえると、公共交通機関が収益性などにとどまらず、自身の公共性の重要さについて認識していることが重

要であろう。

　農地や農業用水について線量測定の協力をしていたが、2011年秋に二本松市で米の汚染が発見されことを受け、二本松市長から要望があり、センターは民間企業と連携し、2012年に高感度の機械を制作した。農協がこの機械を導入し、全量検査を行うことができた。
　魚についても、センターで全数検査を行うための高感度の検査機器を製作することは可能である。現在、浪江町の請戸（うけど）漁港を全数検査可能な漁港としたいと考えているが、漁協の体制が整っていないこともあり、なかなか困難である。政府主導では、こうした取り組みは進まず、農協が先行すると政府も動くが、漁協ではそれができていない。政府の原子力関係の技術者は、民政用の機械開発の経験が乏しいため、こうした機械をつくるというイメージがない。科学者も、現実の課題を動かす経験・能力が必要である。

放射性廃棄物減容化の取り組み

　さらに、放射性廃棄物の処理が課題となり、その方法を検討した。
　小学校などの線量を下げるため、表土剥ぎを行い、その際に出される土をフレキシブルコンテナバッグ（通称フレコンバッグ、フレキシブルコンテナバッグの略。除染によって排出された土を保管するのに使われている）に詰めていった。これをリサイクルする方法を検討した結果、ロータリーキルンといって、汚染廃棄物を熱し、金属等を気化させ、物理的にセシウムを分離して回収するという処理方法がよいという結論になった。
　我々は飯舘村蕨平（わらびだいら）に1日10トンの廃棄物を処理する実証炉を設置するため、住民への説明などの支援を行った。実証炉は2016年4月に稼働予定だったが、フレコンバック中の、土とコンクリートなどの土以外の廃棄物を分ける施設が必要となったため、2016年8月現在は、その整備を行っている。
　飯舘村の実証炉では、リサイクルによりエコセメントを作る過程で、放射線が排水排気に出ないことを実証したい。また、人手に触れず、濃縮した廃棄物を処理するということを行いたい。この実証炉がうまくいけば、他自治体でも展開可

能と考えている。

　これまでも、土壌改良などで排出された金属を含む土壌など、産業廃棄物などは、セメントにして、リサイクルを行っていたが、汚染廃棄物についても、大きなぼた山を作るのではなく、当該地処分により、リサイクルを行うのがよいと考えている。また、高濃度に濃縮された放射性廃棄物は保管容器に格納することで、量を20分の1にでき、これまでに用意した土地でも保管できる可能性がある。中間貯蔵施設を最終濃縮工場とすることで、放射性廃棄物をさらに濃縮し、この施設を原発周辺に設置してはどうかと考えている。

安全な水の確保と林業の問題

　農家一戸ずつ、米の全袋調査を行ったことにより、汚染された場所がわかり、土壌改良や用水の検査が必要となる場所がわかった。これは消費者だけでなく、生産者にとってもメリットであった。

　現在、ダムなどの水の上澄みを利用している限りは、それが汚染されている可能性は非常に低いが、唯一、ゲリラ豪雨後には、汚染された泥が一緒に流失したときに水が汚染される可能性がある。今後はダムやため池の底の汚染物質をどうするかが課題となる。

　大柿ダム（南相馬市小高区、浪江町、双葉町などに供給）は利用する上澄み水をチェックし、汚染が検出されていないため、こうした課題に対して時間をかけて検討ができる。

　一方で、ため池は、撹拌の様子などがわからないため、個別に危険度を丁寧に評価しながら対策を行う必要がある。また、地下水で問題あるのものは少なく、ため池から地下水に切り替える施策なども行っている。

　農業用水は、抜本的な解決を考えつつ、24時間のモニタリング体制を確立し、当面の利用を考えればよい。最終的にため池の浚渫が必要か否かは、そこで農業を行う人がいるかどうかも含めて、地元住民との話し合いが必要であり、また、こうした対策は、消費者ニーズに合わせたところまで実施しなければ、成り立たない。

　大柿ダムは、風の谷のナウシカの「樹海」のように、汚泥を留めてくれ、また上澄みの水だけを取り、利用することで、浄化施設として機能しているが、こう

したイメージを持つことも必要である。

　林業で問題となるのは、従事者の被ばくであるが、放射線防護ガラスの貼られた運転席から降りずに作業が可能な重機や、ロボット作業機械も存在している。また、木質バイオマスは、福島における可能性の1つであると思う。しかし、それを実現するためには、資金力のある大手企業が手がけていく必要がある。これは銅山の再生に通ずるもので、愛媛県の別子銅山は、住友鉱山が住友林業を創設し、植林を行うことで、森林を再生していった。こういったことを機械化林業と一緒に行っていくことが、産業復興にもつながっていく。

帰還困難区域の復興

　2016年8月、政府は帰還困難区域において、優先除染を行う「復興拠点」を設ける方針を示した。たとえば、浪江町では住民が居住する区域の隣接地から優先除染を行っていくことが考えられる。帰還困難区域においては、環境回復に住民が関与できる段階にしていくということが重要である。浪江町では、国に対して帰還困難区域における住宅や道路の除染の実施を要望し、明言されなければ、帰還を行わない方針を伝えていたが、これを受けて、国の原子力災害対策本部も、除染を行う方針で検討していくことを示した。

　帰還するしないの議論とは別に、環境回復のロードマップを作成することが必要であると考えている。楢葉町では、帰還していない住民でも、町をきれいにしてほしいと強く望んでいる方がいた。一般に言われるように、避難か帰還かというだけではなく、帰還できない人もふるさとが再生されることを望んでおり、ふるさとが力強く復興に向かっていることも心の拠り所ともなることを認識する必要がある。

住民の帰還

　帰還が可能となっている地域では、線量的には問題ないと思っているが、それよりはるかに心配なのは食べ物による内部被ばくである。フィルムバッチをつけ、被曝が多い人のところに集中的な除染対策を行っていくことが重要である。人が帰還すれば、どこに問題があるかわかってくる。

楢葉町では、2015年9月に避難指示が解除されたが、2016年8月現在、帰還者がようやく元の住民の6％となった。これは、帰還にあたって家の再建や、リフォームが必要となるが、大工の人数で、その進捗が左右され、簡単には進まないという事情があるためである。

　生活環境の回復を隣から隣へ、そして帰還困難区域へと広げていかなければ、住民もなかなか戻っていかない。また、一部の人が戻っても、その人が高齢化していくことも課題である。

今後の取り組みに向けて

　今後、帰還困難区域においては、復興拠点だけでも除染を進めることがステップの1つだが、それでは不十分で、住民要望とずれもある。政府としては、最低限実施することを示したという状況であり、さらに徐々に広げていくことが必要である。また、浪江町で実施する取り組み方針については、住民からの意見が反映され、具体化しているが、反対の人たちもおり、もう一度聞き直す作業が必要である。

　これまでの除染効果については、実施後をみるとそれなりに結果は出ているが、コストと大量のゴミが課題であり、地域の景観も壊してしまう。さらに問題としては、国の財政基盤、国民の支持といったところもある。

　こうしたこともあり、今、一番力を入れるべき鍵は廃棄物処理だと思う。廃棄物がリサイクルに向かうと、福島のイメージが大きく変わる。こういうことを進めて、ゴミの減容化が進めば、環境回復ができるというように気分が変わってくるのではないか。

　たとえば、東京の目黒清掃工場周辺も、かつてドブ川だった目黒川なども現在は綺麗になり、公共施設も整備され、イメージがよい。減容化施設も最も汚染されている場所に設置し、きれいにすることで、イメージも大きく変わっていくのではないかと考えている。原発被災地の復興に向けては、こういったグランドデザインを描いていくことが必要である。

TOHOKU
PROPOSAL

提案

02 福島の風景の再生

提案

02

福島の風景の再生

アルティオム - クラフチェンコ、泉谷春奈、古澤佑太、北島遼太郎、瀬川明日奈、柳沼翔平、斎藤せつな

福島の現状

　福島第一原子力発電所事故により被災した地区は、汚染の度合により「帰還困難区域」「居住制限区域」「避難指示解除準備区域」に区分けされている。福島県浜通り地方では沿岸部に市街地および主要交通網が集中していたが、現在では一部立ち入り禁止となっている。

　震災および原発事故により、元々過疎化が進んでいた浜通りはさらなる縮退の危機に直面している。原子力発電所周辺の住民は強制的あるいは自主的な避難を現在も続けている。

　放射能汚染された福島県浜通り地区において、従来の居住地への帰還を望む傾向は特に高齢者ほど強い。一方、福島県相双地域の高校生に対するアンケート調査の結果、福島県内への帰還を望む声が全体の6割を超えるというデータもある。

提案のコンセプト

　以上に基づき、被災者の帰還および被災地の都市再生の提案を行う。まず、コンセプトとして、以下の4点を掲げる。

2-2-1

縮退社会における広域計画

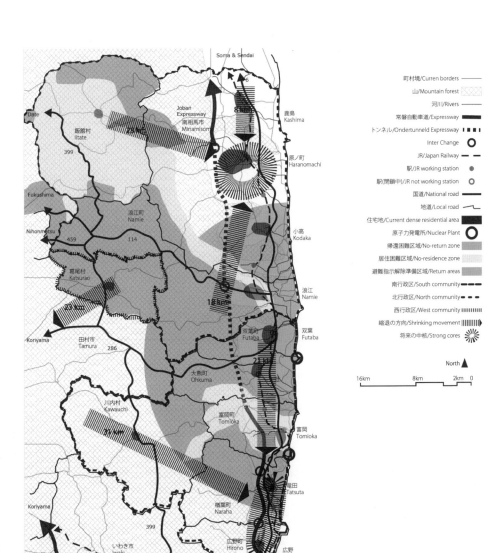

①帰還意思の尊重：住民の帰還意思を尊重する。帰る権利と帰らない権利を認め、どちらの人も満足できる復興計画が必要である。放射線量等の諸条件において、住民との合意を得ることも不可欠となる。

②市町村の協働：浜通りの主要産業の1つであった原子力発電所が廃止され、見込まれる帰還者も決して多くないなか、従来の行政区を維持することは今後困難となるだろう。細分された行政区の利点を考慮しつつ、広範囲での協働を提案する。

③中核：予想される縮退のなかで、中核となるまちをつくり、縮退の方向性を示す（図2-2-1）。進行する少子高齢化と人口減少に対し、最適規模の施設を備え、周辺からのアクセスを整備する必要がある。

④周辺への支援：必要最小限の設備が、どこに住む住人でも利用可能である必要がある。医療をはじめとする生活サービスが必要に応じて周辺部へとなされなければならない。

復興を通しての協働：双葉郡役場計画

上述したように、原発事故により多くの住民が双葉郡から流出し、被災自治体が自立した行政サービスを継続することは困難となると考えられる。本提案では統合した双葉郡の協働を支える拠り所としての「郡役場」を計画する。

双葉郡役場は約20年をかけて双葉郡8自治体を移動する（図2-2-2）。各自治体のホスト期間は約2年半であり、庁舎は継手等の技術を利用した木造で解体と再建築可能なつくりとする。また郡役場は、双葉郡共同体を構成する8つの自治体を表した8種類の異な

2-2-2 移動する双葉郡役場

る屋根を持っており、その下であらゆる地域から来た人々が空間を共有する。

　役場設置は楢葉町から始まり、各自治体の復興の進行に従って移動し、最終選定地である双葉町に残される。最初のホスト地域となる楢葉町では、鉄道駅や商店街、医療機関へのアクセスのよい南部に敷地を選定した。

楢葉町の復興計画「2015年楢葉町から」

　楢葉町は他市町村に比べて比較的早期に帰還が開始され、双葉郡の復興拠点としての役割が求められる。全住民が楢葉町へ帰還するとは予測しがたい一方で、帰還困難区域からの移転者、原発作業員を受け入れることが求められる。ここでは、帰還住民のいない住戸跡地や空き地を利用しながら、帰還住民および新規住民が復興に関わる仕組みとして「双葉郡復興パートナーズ」を提案する。

●双葉郡復興パートナーズ

　住民によるまちづくり会社として双葉郡復興パートナーズ（FFP）を設立する。FFPは、「研究、教育、情報発信、協働の場、渉外、事業支援」というインタラクティブな6つの役割を担う。全住民を出資者かつ被益者として社員にもつ社団法人という形態をとり、復興資金や住民が受け取る賠償金の一部、あるいは郡外から復興をサポートする「双葉復興応援団」による出資を資本金とする。FFPは、パートナーズハウスを拠点に活動を開始し、時間の経過に伴い機能と施設を拡大していく（図2-2-4）。たとえば、医療分野で作成

2-2-3

郡役場図面

Roof plan

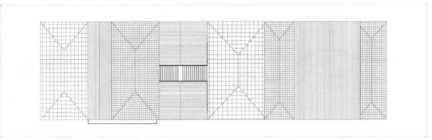

Second floor

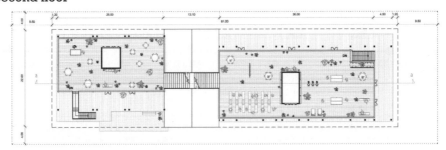

First floor

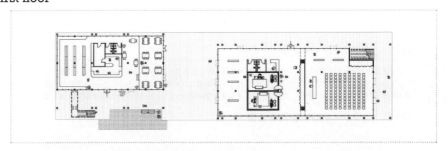

Section A

2-2-4

パートナーズハウス配置図と役割

多様な人々の帰還

❶ 1F：会議室 / 2F：データセンター

役場の近くに位置し、復興初期から「まちづくり」の中心となる。1F ではパートナーズによるファシリテートのもと、行政の複数課による連携協議、外部有識者を招いた勉強会が行われる。2F では震災前の双葉郡の全居住者についての被災者カルテを、汎用性の高いデータベースとして構築・管理する。

❷ 1F：クリニック / 2F：放射線研究センター

1F では、2F で検討された放射線被ばく者に対する心身のケアを臨床的に実践する。2F では、放射線医療の臨床的な研究を望む外部の専門家が地元の医師と共同して、最先端の研究を行う。1F での実践と 2F での研究の間の互恵的な関係の構築が期待される。

❸ 1F/ 2F：喫茶店・居酒屋

昼は喫茶店、夜は居酒屋として、一般住民、外部講師、原発作業員など多様な価値観を持った人々が集い、交流する場所となる。そして、ここでの出会いが復興に向けた事業への動機付けとなる。また、地域のサークルや学生によるライブや演劇などの文化的なイベントも開催、料理は地域の飲食店や主婦が持ち回りで提供することで、地域の魅力を共有していく。

❹ 1F：ギャラリー / 2F：新聞編集室

1F では、復興の現状を展覧会などをとおして発信していくと同時に、週末にはまちづくりコンペや郡外に避難している子どもたちへ向けたフィールド演習といったイベントも催す。2F では、「復興新聞部」が郡外避難民、双葉復興応援団、外部企業に対してそれぞれ異なる 3 種類の新聞を発行し、復興の情報をあらゆる人々に継続的に発信していく。

❺ 外部：オープンガーデン 1F：教室 / 2F：図書室

建物外部のコミュニティガーデンが離農防止と若者への農業継承に貢献する。1F では、外部講師による講義やビジネスサポートによって地域活性化事業のノウハウを身につける。2F には、図書館と視聴覚室があり、住民がサテライト授業などによる自主学習をとおして自らの価値を高めていく場所となる。

した被災者のデータベースは県外避難民に対する情報発信に利用されたり、ビジネスサポートサービスを受けた地域活性化事業が新型産業の発展に貢献したりといったことが挙げられる。

●住み継がれる楢葉町

　竜田駅周辺の計画の手順は図 2-2-5 に示す通りである。その後、整備した緑道が徐々に周辺につながっていき、新たな住宅、施設が時間をかけて整備していくこととなる。2020 年、2045 年（帰還開始から 1 世代）、2075 年（廃炉作業後）の楢葉町市街地の提案はそれぞれ図 2-2-6 〜図 2-2-8 に示す。

双葉町の復興計画「帰れるまち双葉」

●双葉に「帰る」

　双葉町は帰還困難区域に指定されており、未だ放射線量が高く、帰町の道筋を立てることも難しい状態が続いている。私たちは、個人の判断する被ばくのリスクと、それぞれの新しい生活に合わせた双葉町への「帰り方」を提案する。

●市街地の再編成

　まずは、双葉町の市街地において、現状に合わせて新しい市街地再編成（生活圏の設定）を行う。放射線の分布に合わせ、放射線量の高い市街地は解体していく。放射線の低いエリアは、住民にとって重要な場所や市街地の骨格を残しながら「生活の軸」を設定し、市街地の再編を行う。生活の軸に沿った空地を最初の居住エリアとし、まずは長期滞在者のための宿泊施設

2-2-5

竜田駅周辺の
ダイアグラム

1

歩行者専用緑道により、竜田駅と公共施設エリアとを結ぶ

2

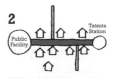

緑道から歩道が分岐し、"路地裏"コミュニティを創出する

3

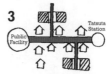

集合住宅は路地裏への入り口となり、多様なバックグラウンドをもつ住民同士が共生できるまちなみをつくる

CASE3　福島の風景再生計画　129

2-2-6

2020年の楢葉町

- ⋯⋯ 緑地
- 駐車場
- 計画集合住宅 2015
- 計画集合住宅 2020
- 双葉郡復興パートナーズ
- 既存戸建

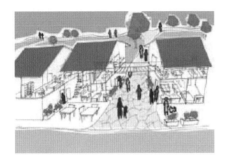

　緑道と緑地が次第に拡大し、竜田駅と町役場一帯が歩行者専用道でつながる。既存の区割りを残しながら路地が成長し、緑道へとつながる。住み手のいなくなった家屋を順次解体し、空地には2階建ての小規模集合住宅を建築する。住宅は、独居用や家族用を混ぜ、建物間の空地には周辺住民が休憩できるスペースを設ける。

2-2-7

2045年の楢葉町

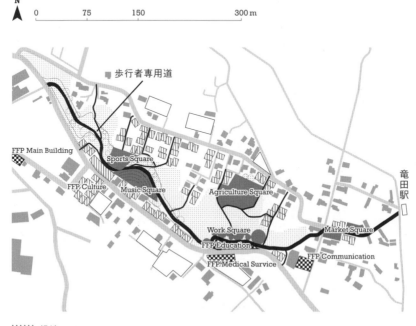

::::: 緑地
□ 駐車場
▥ 計画集合住宅 2015
▨ 計画集合住宅 2020
■ 双葉郡復興パートナーズ
■ 既存戸建

　2015年の帰還開始から30年後、新世代の楢葉町。FFPの活動により、文化・芸術・教育・医療そして住民憩いの場としての居酒屋が出現する。既存の戸建住宅は解体・改築を経て、新たな集合住宅により従来の区割りに沿った路地が成長し、緑道と既存道路をつなぐ。楢葉町の元町民、町外からの"帰還"者、FFP構成員、そして原発作業員と多様な住民がゆるやかに構成された共用地を介して交わる。人口予測の困難な楢葉町であるが、柔軟な計画とFFPの取り組みにより、町は密度を変化させながら醸成していく。

CASE3　福島の風景再生計画

2-2-8

2075 年の楢葉町

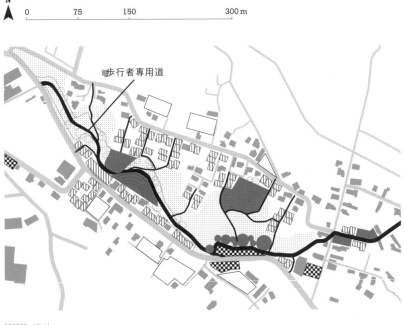

凡例:
- 緑地
- 駐車場
- 計画集合住宅 2015
- 計画集合住宅 2020
- 双葉郡復興パートナーズ
- 既存戸建

　廃炉作業が完了し、作業員は撤退あるいは楢葉町に残り生活を続けるだろう。作業員撤退後の住戸は FFP 社員の住まいとして転用できる。
　竜田駅、緑地内広場、FFP 周辺はすべて歩行者専用区域となり、交通の妨げを受けずに移動することができる。歩行者区域の外側には既存の車道を維持し、また歩行者道も緊急車両に幅員を確保することで、自動車利用を妨げない歩行者志向の生活を提案する。

を建設する。このようにして、新しく形成された2040年（30年後）の双葉町の市街地を図2-2-9に示す。

● 双葉町への帰還プラン

次に、① 2015〜2025年、② 2025〜2045年、③ 2045〜2113年、の3期に分け、年間の被ばく量を1mSv（ミリシーベルト）以下とした場合と20mSv以下とした場合それぞれにおける、双葉町への帰還プランを提案する。被ばく量の判断は各住民に委ねることとする。

① 2015〜2025年「双葉に集まる」

年間の被ばく量を1mSvとする場合、1年間に、日帰り×11日間、あるいは1泊2日を4回程度の頻度で双葉に帰ることができる。一方、年間被ばく量を20mSvとする場合には2ヵ月間の滞在を2回（避暑地、避寒地として）、あるいは毎週末（2泊3日）帰ることができる。この場合、特に年数回の行事に合わせ、双葉町に住民が集まることができる。

この時期は、モバイルインフラで上下水、食料、医療のサービスが行われる。

② 2025〜2045年「生活拠点になる」

このフェーズに入ると、年間の被ばく量を1mSvとする場合、1年間に、1泊2日を8回、あるいは3週間に一度（日帰り）の頻度で双葉に帰ることができる。一方、年間被ばく量を20mSvとする場合には半年滞在することができる。

この時期は、インフラも中心市街地を重点的に、定住できるレベルまで整備される。

2-2-10

被爆量計算に基づく双葉への帰還プラン（2045〜2115年の場合）

2013年時点での双葉町市街地の空間線量
（環境省データ、除染考慮していない）
10mSv/yr-20mSV/yr
SV/hmSv/yr →μ Sv/h
換算．(÷24．÷365)．
1.14 μ Sv/h-2.28 μ Sv/h

年間被爆量が **1**mSv/yr になる場合の帰還パターン

ゆっくり帰る場合：長期休暇を双葉で過ごす

1月	2月	3月	4月	5月	6月	7月	8月	9月	10月	11月	12月

(一週間宿泊×4回/年)

被爆量計算
(2.28 (μ SV/h) *8 (h)
+
2.28 (μ SV/h) *
0.4 (inside) *
16 (h)) *28 (day)
=1021.44mSV/yr.

頻繁に帰る場合：2週間に一度双葉で泊まる

1月	2月	3月	4月	5月	6月	7月	8月	9月	10月	11月	12月

(一泊二日/2週間)

被爆量計算
(2.28 (μ SV/h) *16 (h)
+
2.28 (μ SV/h) *0.4
(inside) *
16 (h)) *20 (day)
=1.021mSV/yr

年間被爆量が **20**mSv/yr になる場合の帰還パターン

暮らしを始める

1月	2月	3月	4月	5月	6月	7月	8月	9月	10月	11月	12月

(一年中過ごす)

被爆量計算
(2.28 (μ SV/h) *8 (h) +
2.28 (μ SV/h) *
0.4 (inside) *
16 (h)) *365 (day)
=11.983mSV/yr
(20mSv/yr より低い)

③ 2045〜2115年「双葉で暮らす」

提案最後のフェーズでは、年間被ばく量を20mSvとした場合、双葉町内での暮らしを始めることが可能となる（図2-2-10）。

● 式年遷土（図2-2-11）

双葉町には中間貯蔵施設が設置されることが決定されている。ここでは、中間貯蔵施設を「負の遺産」としてではなく、記憶として継承・伝承していくことを目指し、「式年遷土」を提案する。

双葉町内に建設される隣接する2つの中間貯蔵施設に一定期間汚染土を貯蔵した後、数十年後に起こるであろう技術革命による土量の半減に期待し、施設内の土を片方の中間貯蔵施設に移す（第1回式年遷土）。その後、30年間、毎年3月11日に祭礼を行う。30年経過後、技術と記憶を継承することを目的に土は遷土される。多くの人は一生に二度、この遷土に立ち会うことができる。

まとめ：高校生の帰還のデザイン

最後に、帰還する立場の人々、特に被災当時の高校生の視点から、提案した都市機能との関係について述べる。

当時の高校生の一度目の帰還機会は避難指示が解除されるタイミングであり、2015年とする。従来の楢葉町民や除染作業員だけでなく、依然として帰還困難な双葉町民も集約的帰還先である楢葉町に住むことができる。またこの際に双葉郡復興パートナーズ（FFP）

が設立される。

　二度目の帰還機会は当時の高校生は就業年齢になる2020年が挙げられる。この頃には、廃炉や除染などの原発関連産業や、再生可能エネルギーなどの新産業が立地し新たな雇用が生まれ、故郷で就職することを可能となる。

　三度目の帰還機会は2035年とする。当時の高校生は家庭を持つ者も現れるため、家族で入居できる住宅の購入を機に帰還を実現する。また雇用対策として、双葉郡復興パートナーズによる起業の支援などを行うことも求められる。

　最後の帰還機会は2060年が挙げられる。当時の高校生が定年退職を迎えるため、老後の生活の場として故郷に帰還する機会を提供する。また彼らの当時の生活や風景の再生という点において、農林水産業を復活させ、震災以前のそれを実現する。

　以上の4回の帰還機会の提供によって、被災当時の高校生の帰還意思を、2060年までの間をかけて実現することができると考える。そして彼らが帰還意思を叶えたそのときこそ、故郷に対する愛着や誇りを失った被災者にとっての、真の意味での復興が達成されると考える。

解説

井本佐保里

　本提案では、福島第一原子力発電所事故により避難指示が出された福島県内の市町村のなかでも、特に被害の大きかった双葉郡を対象としている。提案を行った2014年2月当時、双葉郡では帰還の見通しが立っていない市町村が多く、また帰還したとしてもその後の町の姿について明確なビジョンが描かれていなかった。そのような状況のなか、本提案では被災当時の高校生の存在に着目し、就業、結婚、定年退職といった60年をかけた人生を通して、どのように故郷との関係をつなぐことができるか、という点から復興を描いている。

　「復興を通しての協働：'双葉郡'役場計画」では、各市町村が「双葉郡」として協働することが提案されている。双葉郡のシンボルである郡役場は、解体・再建が可能な構法を採用し、比較的早期に帰還が見込まれる楢葉町から順次双葉郡内8市町村を移転する。この郡役場は、各自治体が抱える問題を共有し、帰還後の生活再建の基盤づくりをサポートする重要な核として機能するものになると考える。

　「楢葉町の復興計画「楢葉町から」」「双葉町の復興計画「帰れるまち双葉」」は、双葉郡の中で早期の帰還が予想される楢葉町と、最も帰還に時間を要する双葉町を取り上げている。それぞれに対し、長期間をかけた地域計画と、当時の高校生がどのように各フェーズに関わっていけるかという視点から提案を行っている。
　楢葉町の提案では、帰還を2015年と想定している（実際は2014年9月に避難指示解除）。そして復興まちづくりの担い手となる「双葉群復興パートナーズ」を立ち上げる点に特徴を持つ。帰還開始直後は、廃炉作業や復興事業に従事する多くの作業員を含む新規住民の流入が想定され、また双葉郡全体の復興拠点としての役割も求められる。一方、時間の経過とともに徐々に日常へと移行していく

と想定できる。同組織は、帰還直後から廃炉作業終了後（2075年を想定）の長い時間をかけ、そうした町の変遷に呼応しながら空間と機能、役割を変化していく拠点として提案されている。

　双葉町はより放射能汚染が深刻で避難指示解除時期が明示されていない。そのため、放射線とどう向き合っていくことが可能か、といった視点から町への多様な「帰り方」を提示している。「帰り方」の判断基準として年間被ばく量（1mSv/年、20mSv/年の2パターン）を設定している。基準の妥当性についてはここでは触れないが、重要なのは、こうした客観的な判断基準を住民が持ち合わせている状況を生み出そうとしている点にある。また、「帰り方」には、祭事にのみ帰る、2拠点居住、など定住以外の選択肢が含まれている。「帰る／帰らない」の対立軸ではない多様な故郷との関わり方を提示している点も重要である。一方、双葉町に受け入れが決まった中間貯蔵施設についての提案も行っている。中間貯蔵した汚染土を30年ごとに「式年遷土」する仕組みを提示し、これにより震災、原発事故の記憶を継承することを目指している。

　本提案は、解決が難しく、議論が避けられがちな放射線や中間貯蔵施設の問題に、正面から向き合おうとしている点が評価できる。また、各自治体内での復興と双葉郡として広域連携することの両者が示されている点も重要だ。最後に、自治体ごとに置かれている状況は異なるものの、被災当時、高校生がいたこと、彼らが自治体の将来を担う重要な存在である点は共通している。本提案ではこの点に着目し、一度避難を余儀なくされた若者（高校生）がどのように故郷と関わることができるか、といった切り口で将来の町の姿を描く手法を示している点も、高く評価できる。

> 提案のその後

フクシマから小高へ

李 美沙

小高区の概要

　福島県南相馬市小高区は、被災前は1万2000人ほどの人が暮らし、大字を中心にした39の行政区という自治単位から成っていた。東は太平洋、西は阿武隈山脈に挟まれ、行政区ごとに道路などの草刈りや水路の維持管理をし、集会所や神社、郷土芸能の踊りがあった。穏やかな地域であるのと引き換えに産業の発展には恵まれず、かつては一部で原発の開発も予定されていた。

　福島第一原子力発電所20km圏内に位置しているため、被災後1年間は立入りが禁じられ、その後大半の地域で原則として昼間の立入りのみが許されるようになった。被災から5年4ヵ月を経て、賛否両論あるなか、ようやく帰還困難区域を除いて避難指示が解除となった。

　当時、小高区地域協議会の一員であった住民の方から声かけをいただいたことをきっかけに、2014年秋頃から小高区に入り、地震・津波・原発の複合被災地において都市工学は何ができるのか、実践を通して模索を続けている。

これまでの活動概要

①まちづくりの方針の策定

　2014年度の活動は小高の住民を基本とした有志十数名による、市内の仮設住宅集会所での車座会議から始まった。文献や聞取り調査から小高の歴史や被災以前の地域が有した背景を学びつつ、現地をできる限り回って情報を集めた。年度

末には会議で出た意見を基に、今後のまちづくりの方針に7本の柱をゆるやかに定めた。

②まちなかプランの作成

　2015年度は、小高の中心部（まちなか）における通りの空間に関する悉皆調査を行い、それを基に、まちなかの空間やその利活用に関する提案として「まちなかプラン」を作成した。提案に意見をもらうため、ワークショップの開催や仮設住宅に出向いての説明を行った。

③「小高志」の発行とイベントの開催

　加えて、我々の活動をより広く周知し、意見をもらうため、広報誌『小高志』の発行を行っている。さらに、歴史的建造物の専門家や市文化財課、集落部の住民の方々と協働したまちあるきイベントの開催や、地域福祉に携わる方々と議論する地域福祉座談会の開催など、調査に基づく活動共有の場づくりを行ってきた。こうした地道な活動を行っていくうちに、徐々に住民、事業主、小高で活動する地域外の方等、さまざまな立場の人とつながりを持ち始めた。その結果、小高の復興に向けたさまざまな実践活動を協働で行うための拠点の必要性が高まっていった。

小高復興デザインセンターの開設

　2016年度は、南相馬市社会福祉協議会より無償で借り受けた小高区内の社協会館を学生の手でリノベーションし、7月より協働の拠点「小高復興デザインセンター」を開設した。センターでは、住民の方々の意思と行政区との連携を大切

にしながら、①小高の将来像を構想し、②帰還者が安心できる生活を支える体制づくり、③被災前とは別の場所で暮らす方や外からの支援者と小高をつなぐ仕組みづくりの3点を目指している。なお、センターは南相馬市から東京大学が委託を受け、協働で運営している。

　現在は、南相馬市小高区地域振興課より元小高区役所長1名・復興支援員1名と、東京大学より研究員1名が常駐するとともに、大学院生らが頻度高く通いながら運営する体制となっている。センターには、毎日1〜10名程度の来客がある。客層は、すでに小高に住んでいる方や今後の帰還を考えている方、市内の小高以外の地区に住まいを構えたが小高を想う方、地域外からの支援団体・企業や大学生……とさまざまである。また、市内の高校生とともに小高区の復興に向けた活動、被災の状況や地域特性の異なるいくつかの行政区を対象とし、プランづくりに向けた調査等に力を入れている。

小高における復興の難しさと、復興を考える単位

　南相馬市は、原町市、鹿島町、そして小高町による市町合併から5年目に被災した。そのため、南相馬市という単位よりも合併前の自治体単位でのまとまり意識が根底にある。一方で、原発からの距離や放射線量の程度によって小高区内においても異なる環境・立場が生み出され、小高の中ですら同じ方向を向くことが難しい状況がわかってきた。被災状況、放射線量のリスクについての考えの違い、避難の状況、補償の違い、帰還意向等が、地域内、家族内に大きな溝を作っていた。住民それぞれがみな小高を想う気持ちを持っていても、被災後の避難や生活の場所、考えがそれぞれ違うため、その想いをまとめ、地域の再興に向けた力にすることは容易ではない。こうした分断を乗り越え、復興を考えるにあたり、われわ

れは特に行政区という単位が重要だと考えている。祭や水路の維持管理を続けてきた単位である行政区を歩けば、地形や気候を読み、住みこなしてきた風景がある。被災前まで当たり前のように共有していた地域の良さを、立場を越えて再確認し、今後を考える基本単位となるだろう。特に被災地の復興においては、不確定要素がきわめて多いために、まちの最終形、目標像が描けない状況にある。理想像から逆算して今の行動を決めることが難しく、行政区単位での復興を基本として、現在の状況から可能なことを着実に実行していく他ないのではないか。その実践の上で、将来を考えるためのプランを外部の専門家として提示したい。

協働の必要性

小高では、行政、住民、外部団体やさまざまな大学が、被災直後から各々の立場の中で復興に向けて力を尽くしてきた。しかし、時々刻々と変化する状況で、その全景を把握することは困難となっており、また、多主体が膝を突き合わせて議論する場も方法も確立されていない。そのような議論の場づくりこそ我々のような第三者が果たすべき役割だと考える。センターでは、検討分野ごとに4つの部会（まちなか部会・生業部会・つながり部会・災害リスク部会）を設け、定期的に議論や情報共有の場をもち活動する。さらに、それらを分野横断的に小高の復興について議論する場を執り行っていくことを検討している。先に述べたように、理想像からの逆算が難しい状況下においては、完璧な理想像を描くことよりも、多様な主体が協働して実践するなか、それをつくってはこわす、という泥臭さが必要であると信じ、今後も活動を続けていく。

第 III 部

TOKYO
東　京

CASE 4

復興デザインの
理想と提案

> ねらい

東京2060　水環境からのアプローチ

窪田亜矢

　今後30年間に70%の確率で発生するとされている首都直下地震では、建物の倒壊と市街地の火災によって、2万3000人の死者が発生するという想定がある。医療サービスの不足、エネルギーの不安定供給、情報の混乱、交通麻痺など、さまざまな被害が生じるだろう。こうした状況において、空間計画には事前になすべきことがあるのは明らかだ。

　2060年の東京はどうなっているだろうか。どうしていくべきだろうか。

　首都直下地震に襲われた後かもしれないし、前かもしれない。いずれにせよ、現時点で、復興もしくは事前復興を計画し、やるべきことを実践することはできるはずだ。実践の可能性を求めると、「それならできそうだ」と地域社会に思ってもらえそうな提案を安易に思い描きがちになる。しかしそれだけでは足りない。「それならやってみよう」と思わせる内容面での力強さと意義深さが欠かせない。そういう意味で、実現可能な提案を求めた。

　つまり、2060年という長期的な視点に立つとき、地震や洪水などに代表される非日常的に顕現するリスクと、日々の変化によって生じている高齢化や活力の低下といった進行性のリスクには、同時に対応することが重要であることに気づく。進行性リスクへの細やかで総合的な対応が突発性リスクへの準備になっていることが望ましいが、実際には、特定の機能に特化する突発性リスク対応が、進行性リスクを増大させる事態も生じている。

　東京の原型を決めたものは、リスクにもリソースにもなる水だ。河川大改修による内水氾濫の抑制や感染症にならない衛生的な飲料水の確保、農業に必要な用排水路の整備は、近世においても近代においても、きわめて工学の技術を必要とする空間計画の主要なテーマだった。地形と組み合わさって、水はそれぞれの場所で固有の風景を作り出す。どのような閉鎖領域であっても、一定量の水は流入

し、浸透も含めて同じ量だけ流出していく。そうした当然の流れのためには、水に適切な形や場を用意しなければならない。地域社会は、水にしばしば聖性を感じ取ってきた。維持管理も必要になる。そうしたことによってはじめて、合理的で安定的な利用が実現し、結果的に生活文化となるのだろう。

2060年の東京を構想するにあたって、水環境の手入れを契機とした、3つの復興提案に取り組んだ。3つの提案では、地形や立地によって対象が異なる。1つは、東京の郊外にあたる中流から上流の地域である。戸建て住宅と農地が混在し、住環境としても優れ、都心部とは鉄道で結ばれているゾーンが首都圏40～60kmに広がっている。2つ目は、河川の下流域にあたり、高度が低く平らな土地で、海際に近い埋め立てなども含む地域である。早くから都市化が進み、低層稠密な木造密集市街地が広がる一方で、ごく近くで超高層建物が建つのも東京の特徴の1つである。3つ目は、地域の立地というよりはスケールの重層性に着目し、スケールを越えてつながっているインフラストラクチャーを対象とした。

以上の3つを対象としたが、どのようなテーマを掲げるのかは、各チームの方針に任せた。ここで取り組んでもらいたかったのは、あくまでも特定の場所への具体的な提案である。しかし、それだけにとどまらず、他の地域に敷衍できる概念が含まれることを期待した。

各提案の前に、当課題の背景となるトピックを収録している。

まず、村上道夫の解説により、当スタジオのテーマである「東京における水環境」の現状と課題について把握する。特に過去50～60年に志向されてきた、インフラ整備による水の利用促進と水による災害抑制の結果を把握した。提案のヒントとして、片桐由希子からは「小流域」という概念が示されている。これは、水の利用や生態系を含めた地域の空間計画やマネジメントに有効な基本単位である。

以上に加えて、両氏とも挙げている人口減少や水インフラの維持管理といった課題を背景として、2060年における水との付き合い方を考え、対象地域に即した提案を行った。

取りまく状況

東京の水の来し方行く末

村上道夫

　「へうへうとして水を味ふ」。酒以上に水を好み、「分け入っても分け入っても青い山」などの句で知られる種田山頭火による代表的な水に関する句の1つだが、「あの雲がおとした雨にぬれている」、「石ころに陽がしみる水のない川」など、雨や川などに関する句も多い。山を愛した旅人らしく、飲むための水だけでなく、それらを生み出す雨や川、あるいは水循環への愛着があったことだろう。我々日本人にとって、水とは、飲むためだけのものではなく、自然をめぐり、人と暮らしを支える存在である。
　江戸時代には、川や海や池などが名所として知られ、図絵や浮世絵に描かれた70〜80%が水景といわれる。東京区部には、多数の中小河川があり、1886年時点でのその総全長は865kmにも及んだ。水は恵みを与える半面、災いももたらす。身近な水は、人々に癒しを与える場合もあれば、たび重なる洪水、浸水、あるいは汚水に伴う悪臭といった苦痛をもたらす場合もあった。

東京における水環境の変遷

　60年前には、日本の上水道普及率は30%程度に過ぎず、年間10万人以上の赤痢等の水系感染症の患者を抱えていた。50年ほど前の日本の1人当たり生活用水使用量は、169L/日で現在の使用量の6割に満たなかった。家庭でお風呂に入れるというのは稀で、通常は公共の銭湯などを利用していた。1950年代には、歴史的な台風が次々と上陸したこともあり、水害による年間死者数が1000人を超過する年もしばしばあった。20世紀後半、東京などの都市域を先駆けに、日本では、そのような災いを乗り越え、生活に不可欠な水の恵みを享受するためのインフラ施設整備が急速に進められた。現在では、水道普及率が97.5%に達し、ほぼいつでもどこでも豊富に水が利用できるようになった。水害は毎年発生しているとはいえ、50〜60年前と比べると、死者数ははるかに少なくなった。この

50〜60年で、恵みの獲得と災いの抑制に成功してきたといえよう。
　一方、たとえば、東京の中小河川の約8割は埋め立てられたり暗渠化される等して廃止され、身近な水辺空間は失われた。2008年の内閣府の世論調査では、「水とのかかわりのある豊かな暮らしとは何か」という質問に対し、4割が「身近に潤いと安らぎを与えてくれる水辺がある暮らし」と答えており、「安心して水が飲める暮らし」「いつでも水が豊富に使える暮らし」「おいしい水が飲める暮らし」「洪水の心配のない安全な暮らし」に次いで高く、人々が、生活における水の利便性や安全だけではなく、潤いや安らぎといった効果を身近な水辺空間に求めていることがうかがえる。

50年後の水との付き合い方を考える

　今後、気候変動の深刻化によって、渇水および洪水リスクが増加したり、水質が悪化することが危惧されている。人口減少と高齢化による財源縮小とインフラ施設の老朽化によって、現在の水システムの水準を維持することは容易ではないことも指摘されている。種田山頭火は、水を例に「物を不自由してから初めてその物の尊さを知る、ということは情けないけれど、凡夫としては詮方もない事実である」と日記に綴っているが、50年後の東京で、水に不自由ないまま、水の尊さを知り、水の恵みを今以上に享受できるだろうか。50年後に実現するには、今始めなければいけない。

取りまく状況

流域から展望する　東京2060のランドスケープ

片桐由希子

　「東京2060」の課題は、災害からの事前復興の視点からの都市の持続再生であり、今後50年の社会的変化に対する価値観も含めた都市の再編と捉えられる。本項では、水環境の空間単位である流域から、人口減少社会において都市と自然、人との関係を再構築するということを考えたい。

流域とは

　流域とは、ある川や湖が降水を集める範囲を指す地理学用語である。流域論は、地形、生態系や文化・経済圏として感覚的に捉えることができる。またこれらの関係性を、特に陸上交通が発達する以前は、農業を基盤とした自給自足の生活と物流の幹線としての河川により、圏域は流域内に完結し、そこでの交流が文化を育んだ。また、流域は人が適切な管理・計画を行うことができる実際的な生態系の単位とされ、環境計画や国土・地域計画の計画単位として取り込まれてきた。

　河川流路に従って流域を分割していくと、かつての生活圏の基本単位である集落におおむね一致するスケールの領域を設定することができる。この日常的な生活のスケールの小流域は水循環とともに、身近な生物の生息環境のユニットの配置の基準となる基本単位でもある。

流域のランドスケープから都市再生を考える

　1990年代以降、都市における自然は、希少な動植物が生息する保護区という位置付けから、持続的で豊かな生活を日常的に支える生態系サービスを提供する環境的なインフラとしての機能に対する期待が高まっている。都市デザイン・建築分野では、景観生態学やランドスケープデザインのアプローチを取り込んだLandscape UrbanismやEcological Urbanism、空間計画の分野では、多機能に都市を支えるグリーンインフラストラクチャ（以下GI）として、都市域に生態的な機能を取り組みが行われるようになった。このようなプロジェクトで重視されるのが、人の活動と自然環境との間に日常的かつ実利的な結びつきを再生する、長期的なマネジメントを視野に入れたプランニングである。

　流域の基本的機能としては、水環境の回復がある。図3-0-1は、1930年代から2000年代までの雨水浸透率の変化にもとづいて、横浜市の小流域分類の環境を分類したものであり、かつての環境が残存する小流域は、全体の1割程度となっている。水循環の回復のためにとられる方策は敷地単位であり、流域の浸水対策としては、河川改修など、河川区域内の整備事業となる。循環という系の回復という視点から、小流域のスケールでシステムがデザインされ、実現するための価

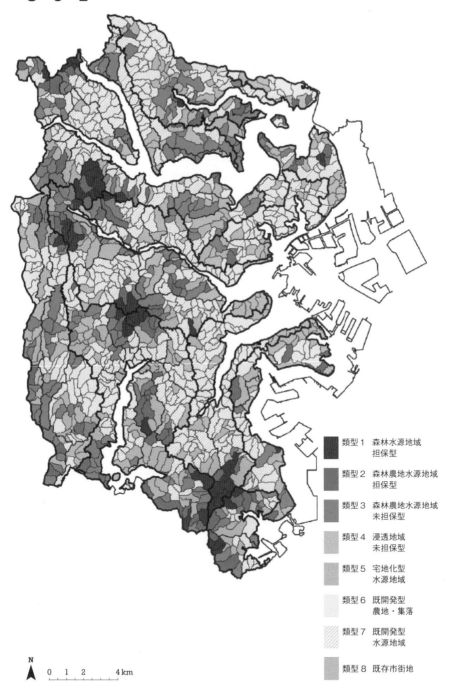

3-0-1

値観の変換が求められる。

　図3-0-2は、狛江市におけるかつての農業用水路網と現況の土地利用である。対象地は、1930年代までは段丘上が畑地、低平地の水田を潤す水路網が存在していたが、現在では田畑が市街化し、不要となった水路はほぼ消失している。緑道整備された水路跡をたどると、これを軸に農地や公共空間とのつながりが所々に存在することがわかった。これらのまちなかの緑、特に生産緑地は、相続などを機に、存続が難しくなり、年々減少している。地域の自然を利用したかつての生産基盤の構成を参考に、水路跡と周辺の土地利用との関係性を踏まえ、新しい生活の基盤、GIとして位置付けることで、都市の更新にある方向性を与えることができるように思う。

　一方で、このような自然的な生活基盤とマネジメントについて考えと、地域の生態系サービスを利用したかつての生活基盤、薪炭林や生活水、農業用水等の利水・治水施設のマネジメントは地域で分担され、費用を負担し合うことで成立していたものである。現在市民による共同管理では、里山的な環境の回復などの活動が各地で行われてきたが、活動者の高齢化など、持続的な仕組みとすることには困難がある。新たに生活基盤としてGIを共同管理で行うような価値観と仕組みを考えていくことが必要となろう。

　流域圏の基本単位としての小流域から話を進めたが、小流域という単位の設定は、地域に対して自動的になされるものではなく、地域の地形や自然条件、状況によっては交通や上下水道などの公共サービスによって規定される圏域を考慮することも求められよう。縮退する社会を見据えた都市・地域の更新といった長期的視野、このような水と人の生活、自然を結びつける流域の枠組みから地域を共有することが、縮退する社会を見据えた都市の更新の基礎となる。

TOKYO
PROPOSAL

提案

01 くらしの縁(よすが)
空間的ゆとりを活かした住環境の向上と
仮設住宅用地の確保

02 島化する
特性を活かすための領域の明確化

03 Suprastructure
インフラの自立性の向上

提 案

くらしの縁(よすが)
空間的ゆとりを活かした住環境の向上と仮設住宅用地の確保

齋藤慶伸　坂本慧介　鈴木雄大　三宅亮太朗

2060年の生活像

　日本は、ついに人口減少の時代を迎えた。経済は停滞し、社会は閉塞感で満ちている。

　これからの日本では、もはや経済の成長は望めず、今の物質的な豊かさは、少しずつ失われるかもしれない。1人1人の負担は大きくなっていくかもしれない。そんな世の中で、希望はどこにあるのか。2060年の東京、あるべき将来の都市像、これらを考える際、「生きる希望とは何か」、この問いが重要であると考える。

　経済成長が望めず、将来の国内に希望が持てない状況でこそ、むしろ日常生活の質が大切なのではないかと考える。

　今後の経済の停滞・衰退を踏まえると、生活の質重視の価値観に変わっていくことが望ましいと考える。また行政機能の低下とインフラ老朽化が同時に起きることを考えると、地域管理を住民全体で行うという選択肢もありうる。

　以上から、職住近接、自然や空間的ゆとりなどの地域資源を重視し、自主管理の度合いの高い住み方、地域に根ざした生活の可能性について考える。

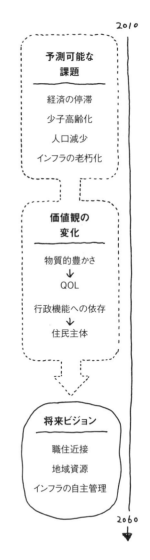

158　東 京

3-1-1

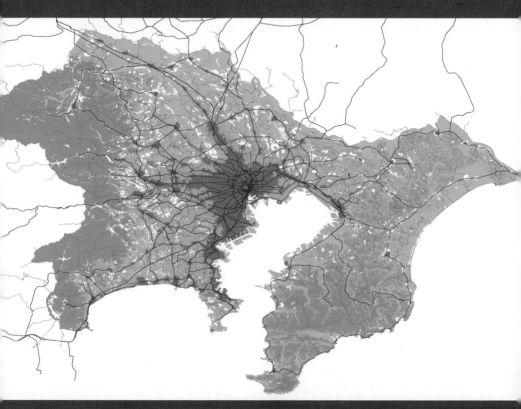

1960年人口集中地区　　2005年人口集中地区　　森林　　農地

出典：国土交通省国土制作局
　　　国土情報国土数値情報より作成

東京圏の問題

●東京圏の拡大と縮小

　今後、問題が顕著に表出し、先に挙げた暮らし方が最も必要とされる場所は東京圏のどこか。

　経済の衰退に関しては、東京都心の衰退は他の地域と比べると比較的穏やかであるため、東京都心から離れたところでより問題が大きいと考えられる。また、少子高齢化・人口減少の影響が大きいのは、人口構成が一様に近い、高度経済成長以降に造成された住宅地であると考える。図3-1-1には、東京圏のDID（人口集中地区）の変遷を示すが、これを見ると新規住宅地が東京圏周縁部に広がっていることがわかる。さらに、近年の都心回帰など、都心に人口が集中しており、より問題は深刻化すると考えられる。

●災害後の避難者

　仮に首都直下地震が起きた際、東京都心では多くの建物が損壊する、または火災により焼失と想定されている（図3-1-2）。これにより被災翌日には最大約700万人の避難者が発生すると想定されている。また、被災1ヵ月後であっても、300万人が東京にとどまり、避難所暮らしになると想定されている。東京都心で、大量に発生する避難所生活者を受け入れる避難施設や仮設住宅の確保は非常に大きな課題である。

東京圏周縁部の資源

　こうした課題へ対応するため東京圏の周縁部の住宅地に着目する。

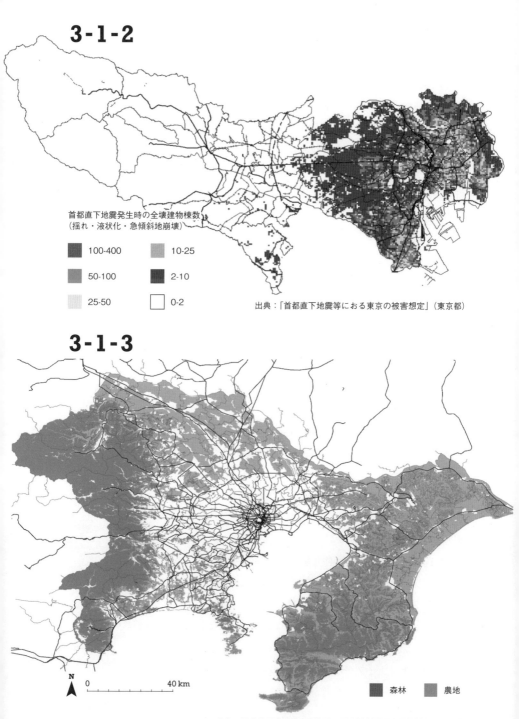

もともと農業規模が大きかった土地が多いことや、関東平野の端部に位置しているという地形の特性上、東京圏周縁部は農地や緑地という資源を有している（図3-1-3）。

　農地・緑地などのは空間的なゆとりをうまく活用することで、都市の独自性を生むことができる。

　東京都心が災害にさらされた際、都心からある程度近いところに、仮設住宅用地として土地を確保しておくことが重要となる。その土地を、東京圏周縁部に確保し、事前に住宅地を整備することを考えた。

住環境向上に向けた戦略

●空き地の創出・有効活用

　区画整理がなされた密度の高い住宅地と、無秩序なスプロール市街地の両方を対象とする。

　人口減少により、空き地・空き家が発生し、それが問題を引き起こしており、結果として行政のコストが上昇することが予想される（図3-1-4）。

　解決策として、今後の増加することが予測される空き地・空き家についての管理コストを行政が先行投資するスキームを提案する（戦略1）。具体的には、まちづくりNPOを住民主体で立ち上げ、空き地・空き家の情報把握と管理・売買などの不動産業務を行うというものである（図3-1-5a）。敷地の統合の仲介など、土地を効率的に活用するための業務を行う。住民が出資し、地域に最も近い機関であることから、情報把握の容易さというメリットがあり、また地域環境を悪化させる開発への抑止力ともなる。

　また、上記のスキームだけでは財源が確保できない場合や、インセンティブが足りない場合の対応策として、東京都心の災害リスクを周縁部で補い、財源を再配分

3-1-4
空き空間による問題

3-1-5a

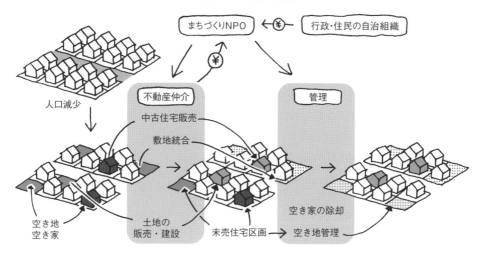

3-1-5b

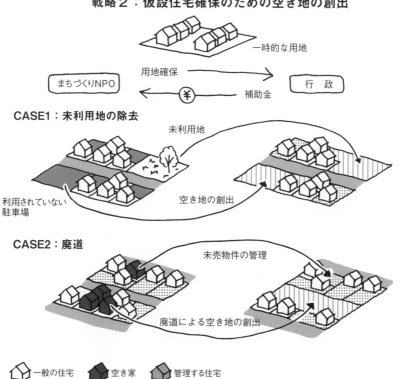

するスキームを提案する（戦略2）。具体的には、未利用地の活用や廃道により仮設住宅の用地を確保する方法である（図3-1-5b）。まちづくりNPOが、都心の自治体からの補助金により、未利用地や駐車場を利用可能な空き地として整備したり、不要となる道路を廃道することで、空き地を創出する。また、戦略2は戦略1だけでは不足する財源やインセンティブを補うことも期待できる。仮設住宅に実際に人が入居するときには使えなくなるが、普段は地域のオープンスペースとしても使える。以上のような手段により、地域にゆとりある空間を創出する。

住宅地再編戦略の適用

●対象地の選定

住宅地の再編イメージを示すために、具体的な対象地を選定し、戦略を適用する。選定の条件としては、東京圏周縁部に位置すること、仮設住宅の整備条件に合致すること（都心と同時に被災しないこと）の2つである。

両者を満たし、また、多様な市街地を持つ熊谷での計画を検討する。

●計画方針

まず、熊谷駅周辺を住生活エリア、中心市街地、再編する市街地の3つのエリアにゾーニングする（図3-1-6）。住生活エリアの住環境向上を第一目的として計画を行う。

中心市街地では、交通の利便性を考え、非常時には高齢者向けの仮設住宅、平時には福祉施設・病院等を配置するなどの機能を分担する。

再編する市街地では、公共施設が集積する地区の税金を引き下げるなど、サービスやインフラの負担度に

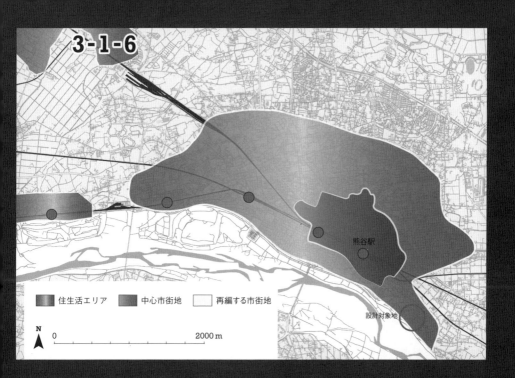

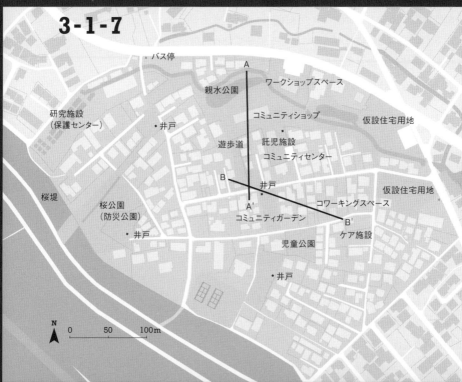

合わせて税金を調節する。これにより、住民には比較的条件がよく税金の安い地区へ移住してもらうか、そうでない地区で税金もしくはインフラを負担しつづけるか、選択してもらう。住生活エリアは、仮設住宅入居者が車保持者でないと考え、駅まで徒歩圏の範囲とする。半径400mくらいの移動で、日用品を賄うことができ、最低限の生活ができるようにする。

　以上を踏まえ、ここまで述べてきた空き地の創出・活用スキームを住生活エリアにおいて適用する。ここでは、図3-1-7に示した設計対象地において詳細設計を実施する。

熊谷：住宅地のデザイン

●設計対象地の概要

　対象地は元荒川の源流に隣接する住宅地である。絶滅危惧種であるムサシトミヨの保護センターが立地し、地下水の汲み上げによって清い流れを保っている。南は荒川の堤防に沿っており、オオヤマザクラの桜堤や旧中山道など江戸時代からの構造を残している。

●PLAN

　対象地における計画を図3-1-7および図3-1-8に示す。住宅地の中に生まれたオープンスペースは地区のコミュニティを育む公園や共同菜園として利用され、それらはのびのび歩けるフットパスでつながれる。使われなくなった空き家の一部はテレワーカーのワーキングスペースとして利用され、新しい職住混在の装置となる。仮設用地はフリンジに設置し既存住宅のコミュニティに配慮するが、地区内のワークショップ工房やコミュニティショップ、菜園等のアクティビティは、徐々にお互いが融け合う交流の場となる。

3-1-8

A-A' Section

20XX 年

管理されなくなった雑木林　　アパートの空室増加

2060 年

コモンスペースに対して開いた家　　コミュニティショップ　　豊かな水辺空間と関わる生活　　工房 地域らしさの想像の場
地域の共同菜園

B-B' Section

20XX 年

建て替えが必要になった建物　　世帯人数の減少とともに余っている土地の増加

2060 年

湧き水を利用した井戸
井戸水を利用した菜園,
花壇づくり

働き方の変化
家で生活する時間の増加

井戸　　建て替えと共に,不要になった土地
地域で管理する農産物直売所　　地域のコワーキングスペース

提案

02

島化する
特性を活かすための領域の明確化

金炅敏　松井京子　大山雄己
園田千佳　萩原拓也

2つの地区による暮らしの継承と災害対応

　佃島・石川島という性格の異なる2つの地区が共存する中央区佃の2060年を考える。両地区の特徴を活かす住まい方を考えながら、佃全体としての暮らしの継承と災害対応を提案する。

背景と提案のシナリオ

●災害と都市
　日本の都市の発展の歴史は災害とともにあり、復興過程で都市基盤が更新されてきたが、東日本大震災からの復興では、縮退時代の都市において大きな計画が通らず、復興の遅れが指摘される。
　東日本大震災後、東京でも災害想定の見直しが行われ、防災計画の一層の強化が求められた。現在の計画には、避難所の容量不足や老朽化したインフラなどの脆さがある。また、想定には地域やそこに住む人々の属性が考慮されているとはいえない。

●高齢化とインフラ老朽化
　今後、超高齢化とテレワーク等の発展により、1人

1人の行動圏域が狭くなることで、「身近な生活圏域」が重要視されるとともに、単身高齢世帯の増加で、地域内での高齢者の見守りが求められる。インフラの老朽化も深刻で、たとえば、中央区埋立地の橋の約48%が、10年以内に補修および架け替えを必要とする。

提案のシナリオ

本提案は、中央防災会議による東京湾北部地震の想定をベースに、2060年冬の夕刻に災害想定を超えるM7.7の地震が発生したというシナリオのもとで行った。木造住宅密集地域（木密地域）を中心に市街地が延焼し、東京湾沿岸部には中央防災会議による想定の2倍である4mの津波が襲い、堤防は老朽化のため一部が決壊、低地部・埋立地を中心に浸水すると仮定した（図3-2-1）。一方で、停電や上下水道の停止に伴って、マンションのエレベーターの停止や生活水の断絶による「高層住宅難民」の発生を想定した。

対象エリア｜中央区佃

● TOKYOの中の佃

計画対象地区とした中央区佃は、河川に囲まれ、老朽化した橋などインフラが機能不全に陥った際に外部と孤立する可能性があり、また、行動圏域の縮小に伴って島外に出にくくなり、「島化」が顕著になるという仮説を立てた。

大規模災害の発生時には首都機能の復旧・回復が最優先とされるが、重要機能がなく、ネットワーク上支障のない佃への復旧支援は大幅に遅れる。

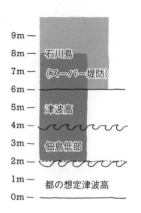

3-2-1

津波と佃の地形

● 2つの住まい方

　佃地区には佃島と石川島という2つの住まい方の地区が並列する（図3-2-2）。

　佃島は、江戸時代に漁師たちの手で造成され、住吉神社建立後は漁師たちの生活が根づいた。明治以降、周囲の埋立てや再開発が進むなかでも、大きな変化はなかった。現在の人口は約1000人で、佃漁業協同組合には8業者が所属。祭事や念仏踊りで強く結びつくコミュニティを形成している。密ながら低層の建築物と路地により構成され、引き込み運河、古くからの井戸が存在する。地震発生時には、火災延焼が懸念されるほか、堤防決壊の際に浸水する可能性も高い。

　石川島は、1790年に人足寄場として埋立てにより形成され、近代化のなかで、石川島造船所が作られた。昭和中期の造船所閉鎖後、バブル期に超高層マンションへと姿を変えた。現在の人口は、約9000人で、多くの住民は分譲や賃貸マンションから、都心に通勤する。公開空地の中に、高層マンションが疎に建ち並び、周辺の河川に対しては、スーパー堤防によって守られている。高層マンションでは、ライフラインやエレベーターの停止に伴う中層階以上での生活困難が懸念される。

　本提案では、佃島は、佃地区の文化を支え、子育て世代を中心としたつながりあるエリアを目指す。石川島は、オープンスペースを確保し、佃地区の快適性と防災機能を高め、さまざまな機能面で佃地区を支えるエリアとする。以上によって、佃地区全体の災害リスクに対するレジリエンスを高める計画とする。

3-2-2

佃島
↓
密

地縁

石川島
↓
疎

個人

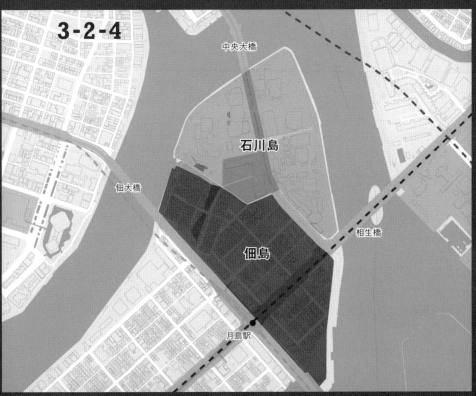

コンセプト

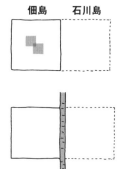

● 島化：「わける」

　佃地区が「島化」することで、外との関係が薄れると、2 地域の差異が浮き彫りになる（図 3-2-5）。

　2 地域を物理的に区切る水路を設けることで、互いの地域性を残しつつ、人の動線を橋へと集約させる。橋詰広場によって強調される境界上の体験は、2 つの地域で共有され、お互いの関係性をつないでいく。2 つの地域の境界（水路）を渡るところに今ある施設に加えて、プログラムを配置してそれを共有することで、2 つの住まい方の共存を図る。

　この小さな橋詰広場は日常と非日常によって形を変えながら、島のアクティビティの重心として位置づけられ、ここに住まう人々の拠り所となる。

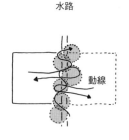

● 2 つの住まい方の関係

　「島化」により、2 地域における住まい方にさまざまな関係が生じる。日常／非日常に応じて、暮らしの重点が移動する（図 3-2-6）。

　①日常では、佃島に暮らす高齢者と石川島に暮らす子ども世代による 2 拠点居住が生まれる。また、水路まわりにアクティビティの重心が置かれ、人が集まり、こうした居住形態をつなぐものとなる。

　②佃島の住吉神社を中心として祭が行われる「ハレの日（非日常）」には、石川島の人々も祭に参加し、佃島に重点が移動する。

　③災害時（非日常）の一時避難場所として、石川島内の高層マンションを指定し、佃島の人々の避難を受け入れる。

●佃マスタープラン

　これらのコンセプトを実現した佃マスタープランを示す（図3-2-7）。アクティビティの重心となる学校や神社、病院等の施設群に沿って佃島と石川島の境界を設定し、水路を整備する。

　佃島では、低層の界隈性に配慮しつつ、防災性の向上のためにビルの建て替えを推進する。

　石川島では、高層マンション公開空地や建物低層部の活用を推進し、また、災害時の緊急輸送等にも活用できる船着場の整備を行う。

プログラム

●高層マンション低層階の活用

　石川島内の高層マンションの1階を佃内の避難支援拠点として使いながら、2、3階はマンション高層部の居住者が一時避難所として利用する（図3-2-8）。また、マンション外部の公開空地は佃島の低層住宅地住民のための一時避難場所として利用する。ライフライン復旧までの1週間、佃島から避難した約1000人は外部空間で生活するので、基本的な臨時ライフラインを整備しておく。

●医療ネットワーク・防災船着場

　佃地区内に立地する地域の拠点病院は、地盤が低く、浸水の危険性もある。高層マンションの低層部・佃島地区の建て替え住居にサテライト診療所を用意し、地域の健康を見守りつつ、災害時にはバックアップ機能を果たす。また、橋のたもとに防災船着場を設置する。佃漁業組合との連携により、物資を運搬し、橋詰の

3-2-6

①
日常

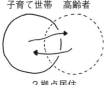

②
非日常：ハレの日

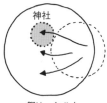

③
非日常：災害時

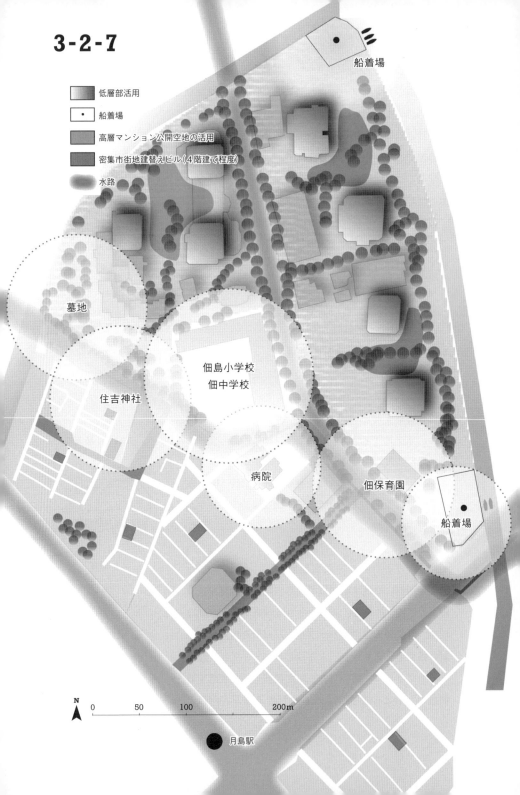

オープンスペースで供給を行う。

●受け継がれる島の暮らし

　佃島では、長期的なプランで、数軒ごとに建て替えを行う際のガイドラインを提案する。道路整備のような、防災目的とともに、まちの日常的な機能を豊かにする提案を一体に考える（図3-2-9）。

　佃地区は、石川島のマンションの利便性と、佃島の昔から蓄積されているまちのコミュニティの良さが両立しているのが特徴である。そこで、それぞれの地域の良さを残しつつ非日常や日常の生活を共有するため、両地域での2拠点居住を提案する。また、現在の東京には墓地が不足している。佃周辺には墓地がなく、代わりに佃島では代々念仏踊りが行われてきた。佃島と石川島の境界に墓地を設け、この地区に暮らした人を悼み、供養する空間を共有する。

佃 2060

●震災後

　2060年冬、東京湾北部地震が発生し、同時に巨大な津波が発生する。

　佃島では、津波による浸水、火災の発生、液状化等による被害が生じたため、低層木造建築物の建て替えによって確保された避難路により石川島へ避難を行う。石川島では、高層マンションの低層部・外部空間で佃島・および高層階からの避難者が一時的に生活を行う。

　石川島の高層マンションでは、エレベーターが停止したため、高層部居住者と低層木造住宅地からの避難者が小・中学校や高層住宅の低層部・外部空間に分散

して避難生活を送っている。帰宅困難者は舟によって輸送が終了し、物資や救助・復興要員が運び込まれている。これ以降、電気系統の復旧が始まり、高層住宅では順次、高層住宅難民が帰還する。低層住宅地の住民はこれから長期避難生活に入り、学校の体育館に長期避難生活を始める人々と疎開する人に分かれる。

●将来像

　住吉神社の背後から島の内部に引き込まれた水路は南側の低層住宅地佃、北側の高層住宅地石川島の領域を区切っており、日常的には親水空間として利用される。数ヵ所に設けられた木橋には人々が集まり、高層住宅街からは高齢者が、低層住宅地からは若年層が行き来する。現在高いフェンスで囲われている小中学校は開放され、2つの領域の接点として機能する。

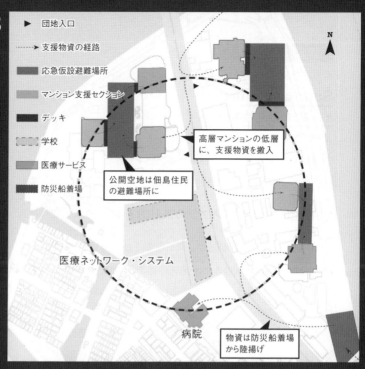

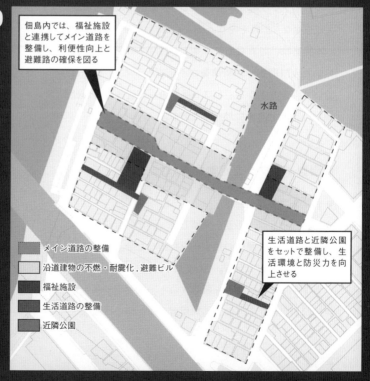

提案

03

Suprastructure
インフラの自立性の向上

芦澤健介　大澤遼一　越村高至　児玉千絵

21世紀におけるインフラのあり方を考える

　20世紀における我が国の文明の進歩と技術の成長は、人間の都市生活を支えるインフラストラクチャー（インフラ）の整備に支えられたものであった。これらのなかでも上下水道サービスや電力供給は、全国規模で国民の基本的欲求を満たし、都市生活の進展と高次産業の成長に貢献した。この際、各地域の人口密度や地形等によるインフラ導入・維持コストの差は、供給主体が大規模になり広域を覆うようになるにつれ均一化された。

　本提案は、これらのインフラが普及する前提となっていた人口増加や経済成長が不確実となる21世紀において、どのようなインフラ機能の維持管理および整備が可能かを模索したものである。

階層型インフラを定義する

●インフラの構造

　インフラとは、需要を集積し均一的な供給を行うもので、社会的な便益の最大化を目指した公共財の一種と考えることができる。

　さまざまなインフラを概観すると、①利用者同士を供給側が接続するもの、②利用者が供給側と接続され

ることでサービスの享受が可能になるものの2つに分けられる（図3-3-1）。

利用者はインフラ全体が持つ階層構造の末端に接続するため、その構造全体を直感的に把握することは難しく、変化を知覚しづらい。また、サービス供給の大元となる点的設備のリスクマネジメントが肝要となる。このようなインフラを階層型インフラと定義する。

● **階層型インフラの問題**

我が国のインフラストック形成は1960年代に始まる。一般に耐用年数50年と言われるインフラが多いため、今後、それらを更新していく必要がある。しかし、公共投資額はストック形成の終了等を背景に減少しており、この傾向が続けば、インフラの更新は進まず、一度、老朽化による事故が起きれば、現在利用しているインフラは利用不可となり、社会に大きな影響を与える。

さらに、人口減少に伴いインフラに投資できる資金が減少するのに対して、インフラ自体は「人口増加」という前提において作られている点も問題である。このとき、各スケールにおいて"選択と集中"という対策が取られなかったと仮定すると、現在と同規模のインフラストックを減少した人口で維持更新していくこととなる。

推計によると2060年時点で日本の人口は現在よりも約30%減少する。空間的偏りを持たずに人口減少し、現在と同じ規模のインフラを維持し続けることになれば、30%の人口減に対しインフラ負担が40%程度増となることを意味する。

これは、日本の国際競争力の低下につながる問題であり、また、高齢化に伴う世帯人員減少による負担増加も避けられないだろう。

3-3-1

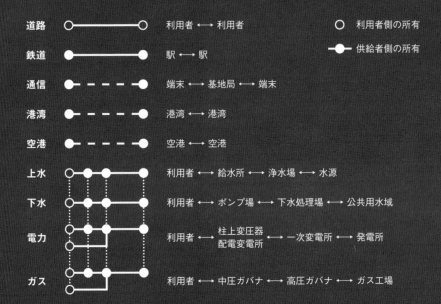

3-3-2

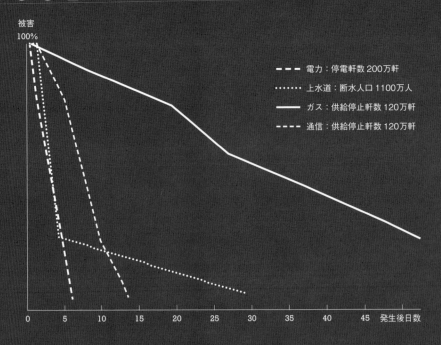

また、階層型インフラ特有の問題として、重要な幹線や点的な施設が被災するとその圏域全体に被害が広がり、大規模な機能停止が復旧・復興への障害となることが挙げられる（図3-3-2）。更に、これらが、想定以上の災害によって破壊された場合、広域かつ長期に亘る機能停止に陥る可能性がある。

●階層型インフラの問題解決策
　階層型インフラの問題解決の糸口として、階層型インフラ普及前のサービス供給の姿と、災害時の応急救援方法を考える。階層型インフラが普及する前は、人口が環境容量を超えることがなく、各種サービスは地域内もしくは個別家庭ごとの需要に応じて供給され、また供給に応じて需要が創出されていた。また、災害時の応急救援の役割を担うものは、いずれも移動可能かつ単体で各インフラの機能を代替しうるものであった。
　以上から得られる示唆として、災害に強く人口減少下での更新に対して対応できるシステムとは、小規模で自立的なシステムであると言える。これは、近年のサービス供給分散化の流れにも見て取れるが、この流れは、今まで利用者－供給者のつながりにより成立していたインフラ供給施設の最小単位を個々の世帯、地域で持つことにより、需要構造を利用者－利用者の形態へと分節・転換するものである。この流れは、発電の排熱利用といった各種インフラの相互利用や、災害時の自立性の確保により担保されている。
　この転換は、階層型インフラが持つ"利用者が大規模な階層構造を知覚出来ない"という問題を、インフラの可視化という形で解決する可能性も秘めている。また、このように世帯や地域単位の自立圏域を階層型イ

ンフラの供給範囲に挿入していくことは、意思決定範囲やインフラの維持管理条件を分節していくことにつながり、計画的には縮退させられない街区の中でインフラの更新投資削減方法となる可能性があると考えられる。

これらの解決策をまとめて、"Suprastructure" と呼ぶ。

Suprastructure を構築する

以下では、下水道という更新困難なインフラに対し、更新問題・災害対策に答えるプランを示す。

●東京都区部下水道の概要と合流式下水道

東京区部では都が下水道事業を行っている。その大きな特徴として、比較的古くに整備された管渠が多く、合流式を採用している点が挙げられる。

合流式下水道では中強降雨時に汚水と雨水の合計が処理場で処理できる量を超えた場合、超過分を越流水として河川に放流する（図3-3-3）。これは、中小河川や東京湾の水質悪化にもつながる。

越流水に対し、貯留槽等の対策が取られてきたが、越流水や内水氾濫の発生は市街化に伴う舗装面の増加および50mm/h超の降雨の増加が原因であり、今後、舗装面積が維持されれば、同規模の雨水排水施設の維持を、減少する人口で担う必要がある。

●インフラ更新と災害について

東京区部の下水道のうち、法定耐用年数の50年を超えた管路は約10%に当たり、必要な管渠の更新はあまり進んでいない。これに対して、下水道局は再構築や管渠更生等の対策をしているが、今後は高度成長期に建

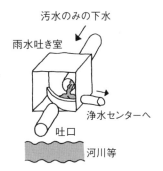

設した大量の管渠の更新が必要となる見通しであり、一方で人口減少に伴う管渠更新投資の減少も予想される。

　東京都では下水道幹線・処理場の耐震化を進めているが、すべての耐震化には相当の時間を要す。また耐震化を完了していても、想定以上の災害に見舞われた場合、大規模に下水道機能が停止するリスクは依然として解消されていない。

●下水道の Suprastructure

　以上を踏まえ、下水道の Suprastructure を提案する。すでに、最小単位のサービス供給施設の導入による階層型インフラの問題解決の可能性を示唆した。下水道における最小単位のサービス供給施設は合併浄化槽である。さらに利用者 − 利用者間の接続を生むものとして、処理水をその地域に流し一体的に親水空間を共有する。これこそが下水道の Suprastructure の形である（図 3-3-4）。

●パイロットプロジェクトの地点選定

　この実施可能性を精査するため、現段階から適応可能であり、事業採算性、適応可能性を確認できるパイロットプロジェクト（PPJ）を実施する。

　事業の対象地域は、当事業が再生水を河川に流入させるため、排水しやすい河川に近く、また、下水道管渠の撤去も伴うため、管渠のなかでも撤去しやすい下水道網の末端に位置する必要がある。これにより、北区滝野川4丁目付近を対象地域として選定した（図 3-3-5）。現在再構築が進められている初期整備区域の次に古い小台処理区内にある。

3-3-4

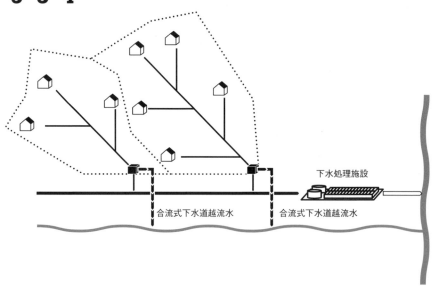

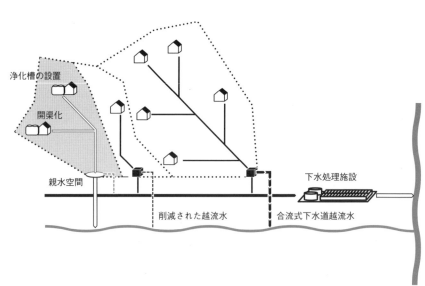

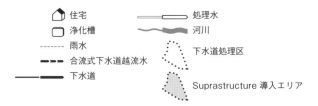

3-3-5

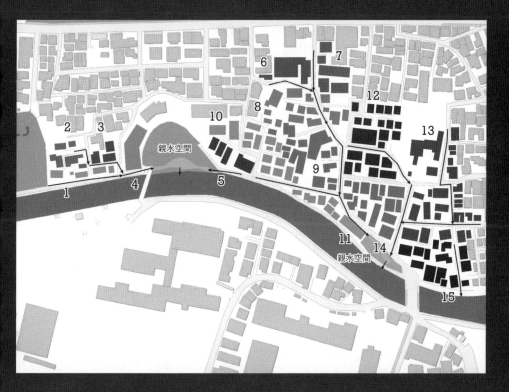

→ 開渠

開渠による新たな圏域の構成

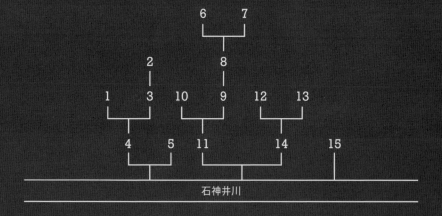

石神井川

● パイロットプロジェクトの事業スキーム

PPJは、浄化槽メーカーが、Suprastructureの地区への導入に向けた、採算性、実行可能性検証のために主体的に実施する。また、街区の親水性向上と末端施設整備を目的とした市街地整備事業会社との協力、住民との対話を通じた、計画遂行を想定した。

事業では、①まず、開渠を街区に建設し、②それと同時に各世帯が浄化槽を導入していく。③その後、下水道管渠にモルタルを流し込むなどして将来の道路陥没などを防ぐ（図3-3-6）。

● PPJの詳細設計と費用比較

Suprastructureの開渠には、上部の蓋部分に溝を設け、晴天時の再生水を流す。その下の開渠部分には雨天時の雨水が流れる。この部分に浸透施設を導入することも可能である。

この雨天時の流量を考慮して、空間設計を行った。各家庭に導入される浄化槽は現在5〜10人用のものが一般的だが、今後各世帯人口の減少を踏まえ、1人用槽などが開発されることも想定される。

これら詳細設計を踏まえたうえで、事業実施者は住民に対して、下水道を維持し続けた場合の費用と、Suprastructureを実施する際の費用・便益との比較を提示することが想定される。これらの費用と便益を考慮した、各年における（費用・便益）の変化の様子を示す（図3-3-7）。

● 広域への適用可能性

PPJ地域での今後50年間の比較では、コストという側面からは下水道を更新した方がよい、ということになる。一方で人口密度がPPJ地域程は高くない地域で

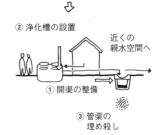

3-3-6

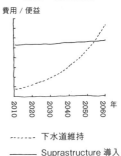

3-3-7 下水道とSuprastructureの費用・便益比較

は、下水道の1人当たりのコストは高くなる。これに対して、Suprastructure は人口増減に対するコストの変化は小さくなることがわかった。このことから、人口密度がPPJ 地域よりも小さく、人口減少が早まる10〜20年後に更新時期を迎える、23区外では Suprastructure の方が長期的に見て有利となるだろう（図3-3-8）。

階層型インフラの場合、人口密度の減少に伴い社会コストは増加するが、Suprastructure は人口密度の変化に対する社会コストの変化は小さい。人口密度とその減少のスピード、社会コストの積算を踏まえ、地域ごとに Suprastructure 導入の選択が行われていくだろう。

結

infra- の対義語である supra- という語が示すように、各利用者が持つサービス供給施設同士を結ぶ線は、従来のインフラを利用者に知覚的なものとする。Suprastructure の導入によりインフラ機能の独立性は高まるものの、近隣住民同士の関係は、可視化された線を通して意識せざるをえないものとなるだろう。

この"線"で結ばれた最小の地区単位が、意思決定の最小単位となると予想する。上記を踏まえると、Suprastructure の導入は、災害に対する物理的な頑健性だけでなく、災害の被災後に地域住民間の相互協力が行われやすい街区の形成、Suprastructure の積算の難しい便益の認知につながり、導入の加速が期待できる。

本提案は、他の社会変化に対して鈍感なインフラに関しても、インフラの自立性の向上や可視化により、社会変化により柔軟なインフラの構築が達成可能なのではないか、という示唆でもある。

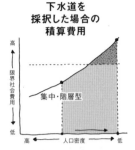

3-3-8
下水道を採択した場合の積算費用

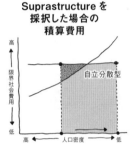

Suprastructure を採択した場合の積算費用

3-3-9

解説

萩原拓也

　都市空間における水のあり方を再考するというアプローチで、2060年の東京像を提案する課題であった。提案にあたっては、今後起こりうる大災害などの突発性リスクと人口減少、インフラ劣化などの進行性リスク、双方からの「復興」という視点が求められた。

　「くらしの縁」は、懸念される「縮退」という進行性リスクに対して、東京圏周縁部の資源である「空間的なゆとり」を活かした提案を試みた。単なる空き家・空き地の活用に留まらず、その管理主体や段階的な取り組みを含めた戦略的な提案となった。また、生み出された「空間的なゆとり」を東京圏における大規模災害時に活用するスキームも提示している。本提案内の都市機能・地域活動・マネジメントと連携した共同菜園やフットパスなどは、片桐由希子から提示されたグリーンインフラストラクチャーの考え方に通じる。これらの空間的操作やマネジメントの計画単位を検討するにあたり、小流域に代表されるような地形的な読み解きが踏まえられていると、設計対象地に即したさらに踏み込んだ提案になった。

　「島化する」は、異なる特徴を持つ2つの地域が隣接することに着目し、役割を相互に補完することで、全体として災害時のレジリエンスを高めることを目指した提案である。水路や橋詰広場という水系を舞台の中心に、ハレとケ、平時と災害時における2地域の役割を丁寧に記述することで、一見相容れない両者が融け合った将来像を提示した。「島化」という発想は、橋梁などの大きなインフラの老朽化という課題に対して、埋立地を中心とした東京の低平地の地域がいかに自立性を高めるか、を考えた結果である。隣接する2地域の歴史や特徴を読み解き、その違いによる断絶をも資源として活かし、自立可能な計画単位として一体的に捉えたことに特徴があった。

　「Suprastructure」は、従来のインフラが持つ進行性リスク・突発性リスクに対

する構造的な脆さを明らかにした上で、社会変化に対して柔軟なインフラの構築を目指した提案である。提案ではインフラの自立性を向上させるとともに、インフラを可視化している。これにより、住民や地域がその存在に知覚することができ、社会変化に対応可能なインフラの構築につながるとしている。村上道夫からは、日本人が当たり前のように「水」を享受するようになった歴史が語られたが、提案は東京に暮らす我々自身が、当たり前ではないインフラの今後を考えることが重要であると指摘している。また、パイロットプロジェクト（PPJ）の事業スキームを提示したのみではなく、PPJを評価し、広域への適用可能性まで言及しており、「どこかで始められそうな」実践的提案になった。

　それぞれアプローチは異なるものの、いずれの提案も、水環境を「資源」として捉え、1つの地域における空間やインフラ、さらには共同体のレジリエンスを高めることを試みている。「東京」はこうした地域の重なりであり、地域が有する水環境のあり方もさまざまである。「東京2060」は、水環境を含む多様な資源のポテンシャルを活かし、それぞれの地域で、丁寧に風景を計画していった先にあるという示唆である。

CASE
5

生き延びる
渋谷

ねらい

生き延びる渋谷
超絶繁華街のリスクと向き合う

窪田亜矢

　1923年の関東大震災、1945年の東京大空襲を受けて、東京は壊滅的な状況を経験してきた。その後の高度経済成長期、特に1964年の東京オリンピック、1980年代後半のバブル経済時期を通じて、都市計画は高度利用と不燃化という2つの合理性を掲げてきた。開発可能地区は徹底的に改変され、そうでないところは木造密集市街地として残され、東京には極端な様相が凝縮して偏在することになった。

　渋谷は、東京ひいては世界における一大繁華街でありながら、この2つの要素を併せ持つ不思議なまちである。

　渋谷駅を最も低い地点として、すり鉢状のなだらかな起伏があり、地形にそった路地や階段をめぐると、渋谷の色んな顔がみえる魅力的な回遊性をもつ。圧倒的な開発圧力と複雑な空間要素による強い慣性力によって、つぎはぎで出来ていったまちだからこその面白みは、膨大な人々を惹きつける魅力を放ちつつ、有事の際に自分で何かできると思える自主性を奪っているとも言える。

　そもそも有事において何が起こるのか。その想定も非常に難しい。人々は水が流れるように自ずと駅に集中し、大混乱をきたすかもしれない。ペンシル型の商業ビルのテナントからは同時多発的な火災が起きるかもしれない。水やトイレなどの基本的な物資や機能の圧倒的な不足は不特定多数の群衆に過酷なストレスになるかもしれない。こうした被害は渋谷だけには止まるものではなく、外からの支援は期待できない。渋谷における突発性リスクは甚大である。

　商業業務系の拠点開発によってどこも同じような界隈になりがちな状況にあって、渋谷が発信する魅力は世界の注目を集め続けており、独自の都市文化を形成し続けているといってよい。そこには他のまちでは代替できない価値がある。

　しかし、不特定多数の人が集まりつづける魅力的な空間が、渋谷のリスクの原

因と関連しているのだから、魅力を壊さないように留意しつつ、リスクを抑制する空間を提案せねばなるまい。それは空間計画に携わるものの責任であろう。

　膨大な数の人々が、これまで遭遇したことのない事態に陥って、パニックでもなく正常化の偏見でもない、秩序のある行動をとれる空間とはどうあるべきか。人が自ずと超絶繁華街の周辺へと分散していくような空間のあり方とは何か。そうした空間が日常時より構築するべき社会的規範とは何か。たまたまその日に渋谷に遊びに来ていた人がどうやってそのような規範を共有できるのか。これらが、本スタジオの向き合うべき課題である。

　提案の前に、当課題の背景となるトピックを収録している。
　まず、廣井悠の解説から、都市防災・防災まちづくりにおける「地域性」の重要性と、大都市一般において、防災対策上考慮すべき「地域性」である①さまざまな集積、②人為的要素、③災害リスクの新規性の3点を理解する。大都市である東京・渋谷において、防災・復興を考えるには、この3点に起因する脆弱性を念頭に計画することが求められる。
　つづいて、齋藤勇と遠藤新の解説から、大都市・渋谷が有する異なる2つの「地域性」と、それに基づいた「事前復興」の考え方を理解する。
　齋藤の解説では、渋谷において都市再生／再開発が加速し、エリアマネジメントによるまちづくりが進展している状況とこれらの動きと連動した防災対策について把握することが重要である。一方で遠藤の解説では、渋谷が有する個性的なストリート（通りと通りに面した建物などで形成される空間）や界隈の連続、人々の活動を許容するパブリックスペースの価値と、ストリートでの活動の日常化と災害時での活用についての戦術的展開について把握する。
　以上を踏まえて、当スタジオにおいては、大都市であることに起因する防災・復興上のリスクを理解した上で、渋谷における地域性の把握と、それらを活かした事前復興の提案を行った。

取りまく状況

大都市防災の抱える課題

廣井 悠

　まちを災害から守るための取り組みは、一般に都市防災あるいは防災まちづくりと呼ばれ、古来よりさまざまな対策がなされてきた。特に伊勢湾台風、阪神淡路大震災、東日本大震災と我が国が経験したこれまでの大災害は防災政策の転換点ともなり、現在内閣府では「防災4.0」を掲げるなど、新規かつ多様な防災計画が今後ますます必要とされている。

　ところで、この都市防災・防災まちづくりを考えるうえでは、配慮しなければならない作法ともいうべき特徴がいくつか知られており、とりわけ防災対策の「地域性」はきわめて重要と考えられている。本項は東京・名古屋・大阪に代表される人口密集地域を焦点に絞り、大都市防災の特殊性を列挙することで、渋谷スタジオにおける課題の背景を概説する。

大都市防災の特殊性

●さまざまな集積の存在

　大都市における防災計画を考える上で、最初に考慮しなければならない点は「さまざまな集積」である。そもそも大都市における集積は、平時は経済や情報、知識など多様な相互作用の活性化を約束するものであり、大都市のもつ最大のメリットといってもよいであろう。しかしながら過度に集積した大都市は、できるだけ大きい被害を与えようとする「災害」側に立脚して考えてみれば、これほど破壊効率の高い場所はないはずであるし、その被害はさまざまな形で他地域に影響を及ぼす。たとえば大都市とは対極をなす「野中の一軒家」と比べ、密集居住のもとではひとたび住宅が倒壊すると、道路閉塞・避難障害・地震火災などに代表される「負の外部性」ともいうべき影響は無視しうるものではない。これに対し我が国では、近世よりさまざまな対策が行われてきている。江戸の市街地では

火除け地や橋詰広場を設け、戦中は建物疎開や防火構造技術を開発し、戦後は延焼遮断帯の整備や沿道の不燃化などをすることで、燃え草となる建物の集積や避難者の過集中を物理的に制御し、空地を計画的に配置することで被害の軽減をはかる試みを重ねてきた。また阪神淡路大震災以降は、住宅の耐震化に対し行政が無料耐震診断や補助を行うなど、これらの外部不経済を補完する取り組みが進められてきた。

しかしながら、現代の大都市は複雑なシステムと高次の産業構造を有しているため、災害による間接的な経済被害もきわめて大きく、また行政・メディア・金融など各主体における中枢管理機能の麻痺による負の波及効果は容易に想像できる。その結果、我が国のみならず全世界にその影響は及び、また大都市自体でも迅速な応急対応や復興の遅れが加速する。つまり大都市の防災対策を考えるうえでは、建物倒壊による避難障害、火災の延焼や避難行動など集積に伴う物理現象のコントロールのみならず、首都機能を代表とする大都市の社会的機能をどのように分散し、多重化を図るかといった論点もまた重要である。復興時においてもこれは同様で、大都市部で巨大災害が発生すると避難所が満員となり大量の避難者が疎開生活を送ることも考慮せねばならないし、その際は住まいの確保のみならず雇用の準備や産業の移転なども検討する必要がある。すなわち大都市においては、建物やまちのみならず、生活や社会システムを守り、また復旧・復興させるといった視点も計画対象とせねばならない。

●人為的要素

2つ目の論点は人為的な要素である。そもそも3大都市圏の居住者は戦災を経て長期間大災害を経験しておらず、コミュニティの崩壊が叫ばれつつある地域では住民の災害対応能力は特に低いものと考えられる。事実、東日本大震災時の東京は最大震度5強程度であったにもかかわらず、東京は大混乱の様相を呈している。また彼らは豊富なインフラ環境のもとで都市的なライフスタイルを送るなど、都市機能に依存した生活が当たり前となっている。平時こそ電気・ガス・水道のみならず、物流・情報・交通などのさまざまなインフラ環境は、膨大な昼間人口も含めたあらゆるニーズを効率的に満たすものの、災害時にはあらゆる面で破綻をきたすであろうことは容易に想像できる。これは消防や救急などの行政対応能力も

同様であるが、特に情報技術による影響は近年ますます大きくなっているものと推測される。東日本大震災では「有害物質の雨が降る」という情報がSNSを中心として流れ、熊本地震では「ライオンが逃げた」という誤情報が問題となったが、災害時に情報の需要と供給のバランスが崩れると、このような憶測を含む真偽の疑わしい情報が不安解消行動の1つとして急激に流通する。その結果、避難行動の失敗や情報パニック、観光地における風評被害などの発生に至る可能性も考えられる。長い間大都市に住んでいると、都市的生活は享受できて当然であり、情報は必要以上に受け取ることができ、これに対して我々が支払っているさまざまなコストはすべて最適化がされているかのような錯覚を覚えるが、その定義域はどれも平時に限ったものである。しかしながら、災害時を想定するしないにかかわらず、冗長性を残した社会システムはしばしば「無駄」と解釈される。そして災害リスクがLPHC型（低頻度高被害）であればあるほど、防災投資は困難となる。これまで市街地の安全性向上に寄与した区画整理や再開発、あるいはハード整備や容積率の緩和が従来ほどに歓迎されるものではなくなってきたなかで、防災至上主義もしくは単調な経済成長を前提とした計画論のみでは今日的課題を解決することは難しく、新たな計画技術あるいは価値観の提案が期待されている。

● **災害リスクの新規性**

　最後の論点は災害リスクの新規性である。阪神・淡路大震災の神戸市が3連休直後の早朝という、まだ都市が眠っている時間であったことを踏まえると、大都市における大規模災害は関東大震災以降我が国では発生しておらず、その被害像は十分に明らかになっていないと言ってよいであろう。代表的な潜在的問題の1つに、複合災害リスクへの対応がある。大都市は建築物が密集していることから火災リスクは非常に高く、また建物倒壊による道路閉塞は避難路や緊急自動車の通行を不可能とする。経済性その他の理由により、悪い地盤など災害危険度の高い場所に住んでいる人も多く、また名古屋や大阪は津波リスクも考慮せねばならない。このような複合災害があちこちで発生する場合、通常の避難行動プロセスが阻害されるばかりか、避難のタイミングや避難先について混乱してしまう避難者も多いものと考えられる。他方で市街地火災からの避難、津波避難、水害避難、帰宅困難者対策など、避難計画は総じて災害別に作られることが多く、複合災害

のもとでどのような避難を行えばよいかはこれまで被害の経験が乏しいこともあり、いまだ十分に計画されていない。他にも、大都市内には市街地の更新や変化のスピードが速い地区が多く、たとえば更新スピードの速いエリアにおいては「エキナカ」など規制が後追いとなってしまう箇所も多い。このような地域においては、上述した複合災害からの避難行動と同様に、これまで経験していない未知のリスクを推測し、対策を行う姿勢がとりわけ重要である。未経験の災害現象を事前にイメージし、その被害規模も推測したうえで対策を行うことの困難性は、最近公開された映画に喩えて言えば、シンゴジラの出現を事前に予測し、対策を行うことの難しさと同様であるといっても言い過ぎではない。

災害の地域性の理解と柔軟な対応

　上記のように、本章では大都市防災の特徴をいくつか列挙した。災害研究においては、災害現象の地域固有性・特殊性によって過去の経験がむしろ被害を大きくしてしまう「経験の逆機能」という概念が知られている。つまり、我々が5年前に繰り返しの聞き取りや映像などを通じて教訓として心に刻んだ東日本大震災の事例は、東北地方における巨大災害の特殊性が多分に含まれるものであり、東京・名古屋・大阪など大都市部における被害とは大きく異なることも当然ありうる話である。我々は東日本大震災時に経験した教訓を真摯に受け止めつつも、災害現象の地域性を十分に解釈し、大都市大災害という未経験の現象を予測し対応する柔軟性も同時に磨くべきであり、これこそが大都市の防災計画を提案・実現する専門性・要素技術の1つと考えられる。

取りまく状況

渋谷駅周辺における開発事業と事前復興の取り組み

齋藤 勇

渋谷は文化・情報の発信拠点として世界から注目を集め、国内外からもさまざまな人が訪れる街である。また、渋谷駅は鉄道4社8路線が乗り入れ、1日の乗降客数が約230万人という全国でも有数のターミナル駅であり、周辺には業務機能や商業機能が高度に集積している。

渋谷ハチ公前広場スクランブル式交差点

渋谷駅周辺では駅前広場や道路等の大規模な都市基盤整備と、それに連動した民間開発事業が複数進行しており、またそれらがトリガーとなって、さらに周辺地域での新たな開発の機運が高まってきている。

ここでは、地域の事前復興を念頭に新たな社会デザインの枠組みを実践的に提案していく現場として、渋谷において現在進行中の開発事業と事前復興につながる新たな取り組みについて紹介する。

渋谷駅周辺整備事業

渋谷駅周辺整備事業は、渋谷駅における新たな鉄道整備を契機としたまちづくりの一環として2003年3月に発表した「渋谷駅周辺整備ガイドプラン21」を基本とし、渋谷駅前における交通混雑の緩和や歩行者のバリアフリー化、鉄道間の乗り換え利便性の向上などを目的に、渋谷駅周辺における都市基盤の再整備を行うものとしてスタートした。

その後、渋谷駅周辺地域は2005年12月に都市再生緊急整備地域指定を受け、2006年4月には国・東京都・渋谷区および開発事業者等による「渋谷駅周辺基盤整備検討委員会」を、同年8月には地元町会商店会まちづくり協議会および事業者等による「渋谷駅周辺地域の整備に関する調整協議会」を設置した。

そして2007年9月に「渋谷駅中心地区まちづくりガイドライン2007」を、2008年6月には「渋谷駅街区基盤整備方針」を策定し、2009年6月に渋谷駅の再編整備の骨格となる広場や道路、河川等に関わる都市計画決定を行った。これは、渋谷駅中心地区において開発計画を有する事業者との間で、都市再生緊急整備地域全体さらに広域渋谷圏の再生・活性化を視野に入れて、公民のパートナーシップによる都市再生を進めることを目的としたものであった。

　さらに2011年3月には、同時に進行する駅周辺での再開発と連携した、にぎわいと回遊性のある安全・安心で歩いて楽しいまちづくりを推進するための具体化方策を示す「渋谷駅中心地区まちづくり指針2010」を、住民、企業および行政が連携して取りまとめた。

　これを受けて2012年10月には「渋谷駅中心地区基盤整備方針」を策定し、2013年6月と2014年6月に、道路・交通広場等の都市基盤、5つの地区計画、2つの市街地再開発事業、3つの都市再生特別地区を都市計画決定した。

　現在、右図に示す渋谷駅街区・道玄坂1丁目駅前地区・渋谷駅南街区・渋谷駅桜丘口地区といった開発事業や、駅前交通広場等を整備する渋谷駅街区土地区画整理事業、さらにＪＲ渋谷駅改良工事や国道246号の横断歩道橋整備等の事業が同時進行している。2020年までには東口駅前広場をはじめ開発事業の大半が完成予定で、ハチ公前広場を含む西口広場と渋谷駅街区西棟・中央棟およびＪＲ渋谷駅改良工事も2027年の完成を目指している。

渋谷駅周辺開発予想図（提供：渋谷駅前エリアマネジメント協議会）

　他にも、渋谷パルコ建替えに伴う再開発、渋谷区新庁舎および新公会堂の整備計画、新宮下公園整備事業やその他の大規模開発が進展しており、いずれも2020年東京オリンピック・パラリンピック前の完成を目指している。

渋谷駅前エリアマネジメント協議会

　開発事業の推進と同時に、渋谷駅前では官民連携によるエリアマネジメントが進展しつつある。

2013年5月に「渋谷駅前エリアマネジメント協議会」を、2015年の8月には渋谷駅前の公共空間において屋外広告物の掲出スペースを確保し、掲出利用による収益を活用した取り組みを実施するための組織として「一般社団法人渋谷駅前エリアマネジメント」を立ち上げた。

　具体的な活動としては、工事期間中のにぎわい創出や渋谷の将来像の情報発信、オリンピック・パラリンピックに向けたおもてなし活動への貢献、イベント等での清掃協力など、渋谷の街の魅力を高めるさまざまな施策を検討・実施している。

　その他、工事現場見学会やワークショップ、HP等情報発信の拡充、駐車場一体運用に向けた活動を実施しており、また関係する取り組みを行っている企業や諸団体等との連携についても検討を進めている。

渋谷駅周辺における防災・事前復興

　渋谷駅周辺での地域防災機能を強化する取り組みとして、2009年5月に約100ヵ所の事業所・学校・行政が一体となって「渋谷駅周辺帰宅困難者対策協議会」を立ち上げ、帰宅困難者対策の実効性を高めるための検討や、訓練の計画・実施による検証などの活動に取り組んできた。

　渋谷ヒカリエでは、約5500m^{2}の帰宅困難者一時的収容場所を提供し、さらに8階の一部には渋谷区が災害対策本部機能を持つ防災センター（約1000m^2）を設置している。さらに現在工事中の開発事業においても、帰宅困難者対策や食料・日用品の備蓄をはじめとしたさまざまな防災対策を講じることとしている。

　2016年3月には、渋谷駅周辺地域に関連する多様な主体で構成される都市再生緊急整備協議会によって「渋谷駅周辺地域都市再生安全確保計画Ver1.0」が作成された。これは大規模な地震等が発生した場合の人的被害の抑制と都市機能の継続を図るため、都市再生特別措置法第19条の13に基づいて、発災時におけるソフト・ハード両面の防災対策を都市再生に併せて整備するためのものである。

　なお、当計画は地域が目指す将来像を踏まえたうえで基本的な方針を作成して、着実に防災対策を進めるため現時点で実行可能な対策を「Ver1.0」として記載するとともに、継続的に見直していくものである。

渋谷駅周辺地域都市再生安全確保計画策定スケジュール

| 2014 | 2015 | 2016 | 2017 | 2018 | 2019 | 2020 | 2021 | 2022 | 2023 | 2024 | 2025 | 2026 | 2027 |

Ver1.0 策定
安全確保計画の大きな枠組みを策定

安全確保計画の充実 ······▶ **Ver2.0 策定**
計画内容の充実
(Ver1.1 〜 1.3)
・誘導計画
・情報伝達
・情報共有
など

基盤施設の整備及び主要な開発事業の竣工を踏まえた全体見直し

安全確保計画の充実 ······▶ **Ver3.0 策定**
適宜、計画内容を見直し充実
(Ver2.1 〜 2.6)

基盤施設の整備及び主要な開発事業の竣工を踏まえた全体見直し

　この計画を通じて、地域の行政機関や民間企業等の都市の運営に関わるすべての者が協力して災害対策を行う仕組みと地域の防災上の課題を共有するとともに、本計画に記載された内容に責任をもって取り組むこととしている。同時に、この安全確保計画を策定することにより「渋谷駅周辺帰宅困難者対策協議会」や「渋谷駅前エリアマネジメント協議会」といった既存の取り組みとの調和を図り、相乗効果によって地域の防災対策を最適化することを目指している。

アーバンデザインセンター構想

　渋谷駅周辺での大規模開発やエリアマネジメントが進展している一方、地元からは広域渋谷圏の持続可能なまちづくりや、実効性の高い防災対策への期待が寄せられている。
　そこで渋谷区は、新たなソフト戦略の施策として、渋谷のまちづくりにさまざまな人々が多様な視点で関わることができる協働・交流の"場"を創り、地域ニーズについて実証・対応の検討を進めていくために、アーバンデザインセンターの設立について検討を重ねている。
　多様なステークホルダーの参画と協力により、行政主導でなく区民や事業者そして来街者によるボトムアップ型の防災ソリューション構築や、公民連携による新たな公共空間の活用など、今後、さまざまな試みを展開していくこととなる。これらの取り組みを通じて、超絶繁華街の渋谷において人と人のつながりが強化され、より多くの人々が渋谷に自分の居場所を持てることにより、コミュニティの観点から都市のレジリエンスが醸成されていくことを期待する。

> 取りまく状況

渋谷の風景変化から考える事前復興

遠藤 新

　マイク・ライドンとアンソニー・ガルシアによる書籍『*Tactical Urbanism: Short-term Action for Long-term Change*』（2015, Island Press）をきっかけにして「タクティカル・アーバニズム」が注目されている。すなわち、公共空間で一時的なアクションを行ない、その積み重ねによって都市の環境を変えていく、小さなアクションから大きく都市を変えるという概念である。書籍や関連SNS等では、ローコストで敏速な市民による都市の改善方法として紹介されている。これがアーバニズムとして成立するためには、小さなアクションが発散せずにある都市像へと収斂させる何かが必要であり、そこには何らかの戦略がなければならない。つまりタクティカル・アーバニズムは（直訳すれば戦術的都市計画となるが）、前提として実現したい都市像に向けての大きな戦略がまずあり、そしてそれを実行するための小さなアクション＝戦術とワンセットにすることによって成り立つものと考えることができる。この視点を渋谷の事前復興に持ち込むと、どのような事前復興が考えられるだろうか。

個々のストリートから事前復興を目指す

　まず、「渋谷駅周辺の界隈におけるストリート風景の差別化」という戦略が考えられる。これを前提として、現在の渋谷の状況をみてみる。
　渋谷の駅周辺市街地は南北を縦断するJRの鉄道高架と東西を横断する井の頭線高架（および首都高速）によって4つのエリアに区分されるが、ここではその中の北西部のエリアを考える。
　ベースは飲食店舗が集まった一体的な繁華街なのだが、このエリアには渋谷109、Loft、PARCO、SEIBU、東急文化村などファッションや若者文化を牽引してきたランドマーク的商業施設や有名スポットが集積し、若者達はそれら施設間を複雑に回遊する。こうしたことから、センター街のメインストリートを始め、文

化村通りや宇田川通り、スペイン坂やファイヤー通りなどのさまざまな個性的ストリートが誕生した。このエリアは決して、公共空間が大きく確保されているわけではないが、狭くても人の活動が道路にあふれ、さまざまに許容されていることでパブリックな雰囲気を醸し出している。たとえば、センター街といえば昔は女子高生が夢を語り、血気盛んな学生がたまる場所であり、若者のエネルギーを良くも悪くも感じる場所であった。しかし、この10年ほどの間、ドンキホーテやLAOX等の大型量販店の出現もあり、またファストフード店の増加（特にラーメン屋）が著しいため、スペイン坂やセンター街界隈も、かつてのその面影が薄れてきている。

　一方、渋谷では東京オリンピックの時期を目途に、いくつかの大規模都市開発が進んでいる。2027年を目指しての渋谷駅周辺の再開発計画も始まり、渋谷は駅を中心に大きく風景を変え始めている。区役所の建て替え複合再開発計画等、公園通り周辺等でも開発が進んでいる。公園通り沿いに再開発が進むことで駅と代々木公園をつなぐ歩行者空間が強化されることは、防災的視点からは好ましい一方、これら再開発により駅周辺と公園通り界隈でのジェントリフィケーションが将来的に進み、公園通り付近が存在感を強めてしまう（＝他のストリートの個性が相対的に薄まる）可能性がある。つまり渋谷駅周辺は駅を中心にスカイラインが大きく変わるだけでなく、渋谷らしさのあるストリート風景が大きく変わり始めているのである。むしろ、ここで前提としている戦略はこれと正反対なものである。

　四六時中、人があふれかえる渋谷の市街地においては、災害時には手の届く範囲の共助（と自助）の役割がきわめて重要になる。そうであれば、個々のストリートの個性が相対的に弱まる再開発計画は、むしろ大きなマイナスをもたらすと考えられる。共助はストリートにおいて具体的に展開することから、事前復興は特定の主要なストリートではなく個々の小さなストリートが強化される方向に進む必要があるのではないだろうか。また、渋谷をよく知らない外国人観光客にとって、各ストリートの違いがわかりやすいことは、観光だけでなく災害時の避難においても有利な環境をもたらすだろう。

ストリートを使うテナント活動の日常化

　以上の戦略を念頭におくと、戦術はどうなるだろう。それは、どんなに小さなスケールでもよいので、ストリートでコミュニケーションの風景を日常化するよう

な活動の継続することである。例として、ストリートの一部区間で、時限的な広場的利用を許容した活動を展開するなどが考えられる。ストリートスポーツ、たとえばバスケットストリートという名称を風景化するためのストリートバスケの場として、道路を時限利用してはどうだろう（道路の広場化）。あるいはウラ通りを単位として雑居ビルの前で向こう3軒両隣の店舗によるストリートの日常的活用（ランチ会、お祭等）をイベント化して、掃除など環境維持と毎日のコミュニケーションの機会をつくるのもよい。ただビルを所有し、家賃収入にしか関心が無い不在地主の所有するビルにおいて、災害時に頼れるのはテナントだけであるから、テナントがストリートに関心を持つような活動が戦術として重要である。新旧のテナントが入り交じっている商店街では世代間の断絶をしばしば経験するが、これはおおよそコミュニケーション不足に起因する。有事の際の対応には臨機応変さが必要である。その基礎にあるのは日常のコミュニケーションなのである。

戦略と戦術を復興視点でつなぐ

　これらの戦略と戦術を、事前復興としてのアーバニズムに結びつけるために、ストリート単位で有事の対応に関する協定の締結も有効であろう。発災後に供給基地・避難所としての機能を担えそうな、コンビニやドラッグストア、宿泊施設等の前のストリート空間を、昼は道路占有のために利用し、有事の際には開放する協定とする。向こう3軒両隣の手の届く見える範囲で協定を締結すれば、人の移動を抑制するよう小さな単位での共助を実現させることができる。
　現在渋谷で進んでいる大規模再開発などの都市改変はハード面から防災性能を高める側面を持っているが、渋谷は大きいがゆえに、こうした整備だけでカバーできないエリアがある。その事前復興をどのように実現するかが問題である。
　超絶繁華街であり変化の大きい渋谷では、その防災や事前復興を「答え」として明示し、計画的に着実に実現していくことは難しい。事前復興に向けた戦略と戦術とは、「答え」の解明よりも、防災あるいは事前復興に向けた「問い」の形で地域住民と来街者が共有していくことが有効であろう。日々変わるストリートの風景を事前復興への問いかけとして認識し、それに（戦略的かつ戦術的に）応答することの積み重ねが渋谷の事前復興の1つの姿と言える。

TOKYO PROPOSAL

提案

04 生きろ、大地とともに
渋谷アーバンリング構想

提案

生きろ、大地とともに
渋谷アーバンリング構想

石川幸佳　柄澤薫冬　柴田純花　滝澤暢之
中島健太郎　福田崚　益邑明伸　本島慎也

渋谷の2つの危機

●災害時の危うさ

　渋谷は、交通の結節点であり、多様な機能を内包し、広域的に多くの人が利用する都市である。災害が起き交通インフラが麻痺すれば、渋谷の街で活動する人々だけでなく、渋谷周辺の街にいた人々も徒歩でターミナル駅である渋谷に集まってくる。渋谷のこの多大な求心性は、災害時に大きな危険を孕んでいる。災害時の危険を回避するために、現状の都市構造に変革を加えることが求められる。

●多様な界隈の喪失

　また、渋谷は、駅を中心とした谷地形に従って放射状に発達する都市構造を持つ。駅と開発地に距離があることで、その間に魅力的で多様な「界隈」を生み出してきた。1つの都市に多様な顔を与える界隈は、境界の不明瞭性ゆえに互いに影響を与え合い、豊かな空間を生み出し、新たな文化・価値が創造しうる。しかし、渋谷は今、駅周辺に商業を集積させる開発の流れにある。渋谷独自の地形や界隈に触れることなくサービスを享受することができるようになれば、その体験

3-4-1

渋谷アーバンリング構想コンセプト

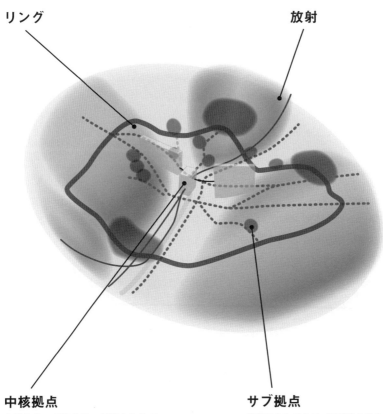

リング

放射

中核拠点
多様な人々が集まり、刺激を与えることで創造性を生み出す空間。

サブ拠点
界隈の中心であり、同質性のある人々同士の交流が安らぎを与える空間。

は他で代替しうるものになる。一方では都市の匿名性・開放性を演出してきた空間が、計画・管理された開発により、失われていく。こうした開発が東京の各所で行われている。渋谷が、東京が、均質化していくのである。渋谷が本来持つ地形に従って生まれた魅力を増進する都市づくりを進めるべきである。

渋谷アーバンリング構想のコンセプト

　その方策として、大地とともに生きる「アーバンリング構想」を提案する（図3-4-1）。

　アーバンリングは渋谷のすり鉢状の地形を取り囲む「リング」、駅から外への人の流れをつくる「放射」、人の集まる場となる2種類の「拠点」からなる。

　リングは幅員8mの歩行者空間を基本モジュールとした全長約4.3kmの道で、場所によってはバスがリングに沿った環状の流動を担う。既存の魅力の存続にも配慮している。

　人々を呼び込む「中核拠点」をリングに沿って新設し、明治通りや公園通りなど、放射方向の道にも手を加えることで人々をリングへと誘い、面的な広がりを保つ。

　また、アーバンリングは界隈の独自性・一体性を強める。界隈の中心となる「サブ拠点」を整備し、象徴性や交流の場を形成する。界隈境界を明示し、界隈の存在を明確化することで、人々のアイデンティティを確立し、災害に対する頑健性を高める。金王八幡神社や美竹公園がサブ拠点になる（後掲図3-4-8、3-4-9）。

　そして、アーバンリングによって新たな交流・憩いのあり方を提示する。リングでは匿名の異種の人々と交流しながらも、落ち着くことのできる滞留ができる。

中核拠点にはより多くの匿名の人々と交わり、刺激を得ることのできる滞留、サブ拠点には知り合いと触れ合いながら安らぐことのできる、顕名性ある滞留が生じる。

アーバンリングの作り方

　アーバンリング整備の途上においても一定の効果を発揮できるよう計画した。

　フェーズ1として、5年後を目途に放射方向の街路と拠点、暫定的なリングを整備する。放射路については明治通りにおいてバスレーンと頻発バス路線を整備し、他の道でもY字路や地形を活かし、デジタルサイネージや緑による視線の誘導や小広場の整備を行って、日常流動の外側への意識づけや災害時の誘導を行う。界隈の一体性を強めるイベント・避難訓練の実施や、今後の方針を検討するワークショップの開催などを行っていく。4ヵ所の拠点は優先的に整備を進めるとともに、舗装変更によって暫定ルートのリングの意識づけを行い、最低限の防災性、渋谷らしい多様な活動の面的広がりの確保に努める（図3-4-2）。

　フェーズ2は10年を目途に、本格的な空間改変を含むリング沿いの拠点整備と界隈の顕在化を行う。NHKと渋谷区役所は中核拠点（フェスティバルセンター）になる。フェーズ1において区役所の改築を行い、この段階ではNHKの改築も行って、一体化した広場を設置する。NHKと連動したさまざまなイベントが行われる「フェスティバル」の空間となり、防災時にはNHK・区役所の収集した情報を提供する空間となる。代々木公園とともに災害時の一大中枢となる。渋谷を取り囲む「物流リング」の完成によって渋谷内部

3-4-2
フェーズ1（整備開始〜5年後）の整備内容と効果

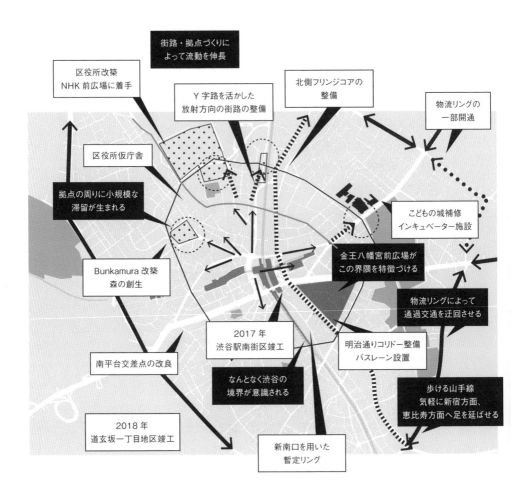

3-4-3
フェーズ2（6年後〜10年後）の整備内容と効果

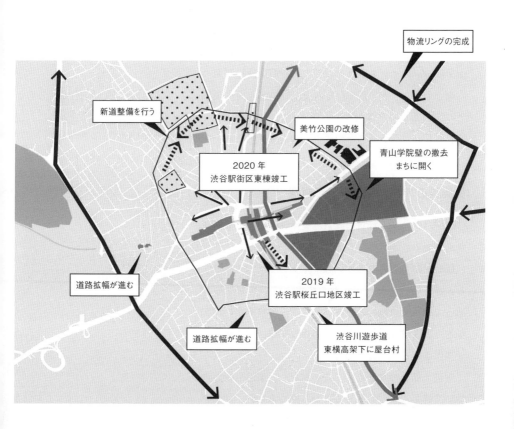

の自動車交通量を減少させ、リングや公園通り等において歩行者空間を充実させる（図3-4-3）。

　フェーズ3は30年を目途とし、リングの完成により都市構造を転換する。象徴的な建築とそこに内包された広場は、議会と区民の集う公共施設となる。この建築はリングの八幡通りや明治通りからも見渡すことができ、渋谷の南のフリンジを意識づける。駅からは山手線沿いのペデストリアンデッキや旧東横線高架の歩道といった明るい道で結ばれる一方、ビル裏や高架下の空間となる渋谷川沿いの遊歩道が暗い道となり、渋谷らしいコントラストが体現される。

発災後のアーバンリングの効果

　アーバンリングは首都直下地震発災後の活用も構想されている。

　揺れが落ち着くと人はいち早くサブ拠点へと避難する。さらに、各サブ拠点から誘導に従いリング等を通って中核拠点への避難がなされる。中核拠点では広域的な災害情報、備蓄物資や簡単な医療、宿泊機能等が提供される（図3-4-4）。

　翌日、都心のオフィスで夜を明かし、東急沿線等に歩いて帰る人々が大挙して東から押し寄せる。リングを通ることで混乱する渋谷中心部を迂回し、食料等を手に入れられる。中核拠点には災害ガバナンス本部、ボランティアセンターが設置され、自治会や商店会、ボランティアの司令塔となる（図3-4-5）。情報や物資を求めて訪れる徒歩圏の住民にはリングと中核拠点が窓口となる。サブ拠点では周囲の安否情報や訪問者の状況などローカルな情報を収集する。

3-4-4

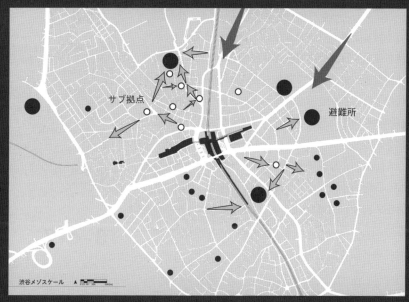

サブ拠点に一時的に留まり、その後リングを通じて避難場所に誘導。都心からも人が集まるがリングで情報等提供。

3-4-5

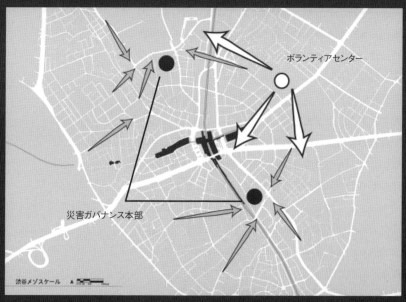

南北の中核拠点に災害ガバナンス本部設置。コスモセンターはボランティアセンターになる。

発災から2〜3日後には支援物資が届く。中核拠点の空地にトラックが直接乗り入れ物資の配給を行う。渋谷を通る首都高速道路は東名高速道路に通じており、渋谷は東京のゲートであり、届いた物資を周辺のまちに振り分ける機能をも果たす。リング沿いの空き地が瓦礫置き場となり、中核拠点が遺体安置場所として利用される（図3-4-6）。

7日後、JRの運行が再開され、一部企業は業務を再開し、物流も徐々に平時に近づく。建物の倒壊により営業の再開が困難な店舗は、敷地を瓦礫置き場や復興住宅地として利用される代わりに、リング上での震災後の仮営業権を付与される（図3-4-7）。

結

リングを中心としたプランは平常時と災害時の機能が重なり合い、双方の問題を同時に解決する。平常時では、中心部のメガストラクチュアに閉じ籠らず、大地とともに生きるまちの在り方を提唱している。災害時には、拠点やリングが大きな力を発揮し、広域的な人の流動にも対処する。混乱する内側を避け、外側で商業等の再開を行うことで、平常時の多様な活動の面的な広がりがより強化される。

短期的な利益に捉われず長期的な視座で事業を進めることで、人の集まる渋谷であり続け、災害時に命が守られるという2つの意味で「生き残る」渋谷が実現できる。生き残ることができる強いもの、それは渋谷固有の地形や界隈性といった長い間に培われた土地の力である。そういった思いを「大地とともに」という言葉に込めた。

3-4-6

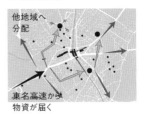

届いた物資をリングを通じて分配する。瓦礫や遺体安置場所を設置。

3-4-7

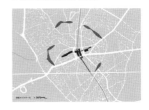

中核拠点周りを中心にリング状に仮設商店が並ぶ。

3-4-8

金王八幡宮前の参道は歩行者専用の空間となり、サブ拠点としてコミュニティセンターと広場が設けられる。周辺の建物は徐々に公共空間に向かうように建て替わっていく。この界隈の独自の雰囲気をより一層強めていく。

3-4-9

金王八幡宮の参道と交わるリングの様子。リングの空間構成は場所により異なるが、ここでは歩道を広く取り、車道は一車線に減らされる。参道とリングの交点にはシンボルツリーが植わっている。

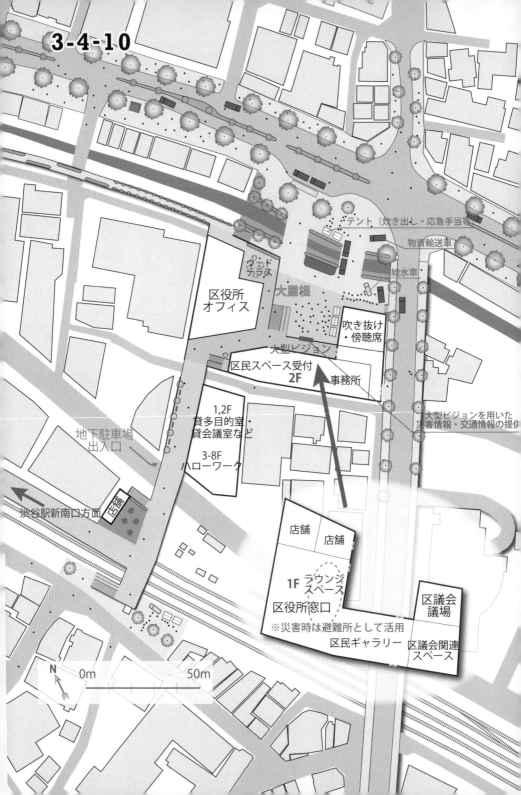

3-4-11

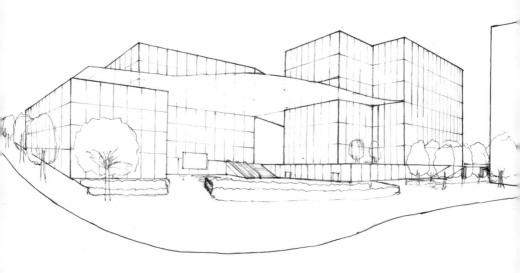

中核拠点であるシビックセンターは、大屋根により雨や雪をしのげる避難のためのオープンスペースである。アーバンリングに接続する立地を生かし、必要に応じて避難者を広域避難場所へ移動させることも可能である。また、大型ビジョンを活用して渋谷内外からの徒歩帰宅者への災害情報や交通情報の提供等を行う。災害対応など渋谷区南側の司令塔として機能する。

解説

羽藤英二

　東京に住んでいると、渋谷になんとなく意識がいく。駒場キャンパスでの講義帰りに渋谷で飲んでいくとか、一緒に仕事をしている設計会社があるとか、他愛のない理由だが、自分の職場や家は違う土地にあっても、動線上で暮らしていると、何かしらかかわりが生まれやすいまちだと思う。そんな渋谷の事前復興計画づくりに、工学院大学と東京大学の学部生のみんなが合同夏学期スタジオとして取り組んだものだ。

　最初に、窪田・遠藤両氏が「渋谷」を取り上げたいというので、面白そうだなと思った反面、アーバンリングという故北澤猛先生の都市概念をあらかじめ解法のアプローチとして与えようというので、4年生や工学院大学のみんなが少し反発するのではないかと危惧した。

　アーバンリングとは、横浜の「インナーハーバー2059」と名づけられた横浜の将来ビジョンにおいて、北澤先生が提唱した横浜の内湾を囲う3層のフィジカルなゾーニングのビジョンで、関係者の利害調整に時間を要するなかで、求心力のある臨海部のコンセプトを求めていた横浜の都市デザイン担当者に受け入れられていた。

　（横浜の臨海部のような強い計画が）渋谷に果たして馴染むのかという疑問は当初からあったが、学生たちは、最初、1駅に集中する渋谷のフリンジリングをひと通り図面に落として描くことに集中していた。しかし、現地を歩き、議論するほど、アーバンリングって一体何なの？という疑問に突き当たり、議論は紛糾し、出てこなくなる学生もいた。

　ただ、そうした紛糾を乗り越え、彼らのつくったプランを細かくみると、アーバンリングを提示しながらも、1つ1つの敷地の個性に即して、界隈の文脈と呼応するような空間提案の工夫が垣間見える。金王八幡宮前では、孔を空けること

で、徐々に建築側の新陳代謝を促し、同時に、街路空間の再配分を組み合わせるなど、界隈や流動の特徴に呼応した提案がなされている。敷地の個性を掬い取り、部分と全体、人々の活動を共起させるような理念が貫かれていた。

　実際の渋谷の計画づくりは、とにかく容積を上げて、谷地に蓋をして、高度に利用する。そのために、アーバンコアを設定し、つなぎ目には広場を配置するプランが提示されている。市民や大学生もコーポレイティブに動員され、人のつながりや、パブリックスペースの重要性が議論されているようだ。あとは、利害調整や事業スキームに注力してしまえば、事業はうまく進んでいくのだろう。

　一方、現実の被災地で、復興計画に携わると、コンセプトを議論する余地はないといっていい。一刻も早い復興が求められるなか、あらかじめ与えざるをえない計画フレーム、都市計画決定までの時間は迫ってくるし、夢のようなコンセプトを掲げた図面を持ってくる設計者は多くても、粘り強く、さまざまな制約条件を地面に即して整合的に解こうとする人は案外少ない。被災地なりの難しさを感じている。

　だから、彼らがつくったプランは穴だらけだったし、議論だって仲良くやれたというわけでもない。紆余曲折、衝突もたくさんあった。ただ、みなが胸を張って「生きろ、大地とともに」と口々にいっていたことが忘れられない。計画が立ち返る場所を、共有することの大切さを、彼らがこの課題から得たのだとしたら、そのことを誇らしく思う。

提案のその後

GROUNDSCAPE DESIGN WORKSHOP
を通してみた渋谷

中井 祐

　GSデザインワークショップ（以下、GSDW）とは、NPO法人GSデザイン会議（代表：篠原修・内藤廣）が毎年9月に主催する、異分野コラボレーションによるデザイン教育を目的とする、1週間集中形式のワークショップである。公募により全国の大学から土木、建築、都市計画、ランドスケープを専攻する学部生や院生が30名前後集まり、異分野混成チームを編成して、都市空間のありかたに対するデザイン提案を競う。講師はみな各界の実務の最前線で活躍する専門家である。

　2016年で13回を数えるが、一貫して、都市のパブリックスペースのデザインをテーマにしてきた。東京駅前広場と行幸通り、横浜象の鼻地区、牛久シャトーとその周辺の公共空間、銀座の街区デザインなど、現実にプロジェクトが進行している場所を対象地として、なんらかの形で当該プロジェクトに関わっている専門家、行政、市民の方々の協力を得ながら進めてきた。課題のリアリティの重視が、GSDWの大きな特徴の1つになっている。

　最近3年間の対象地は渋谷である。現在渋谷では、駅周辺地区の大規模再開発が進行中であり、2027年頃の竣工を目指して、現在建設や計画が進められている。駅周辺に超高層のオフィスやショップ、ホテル、住宅が建ち並び、劇的に様変わりする将来の渋谷において、地べたの広場や街路空間はどのようにあるべきか。渋谷という都市空間全体におけるパブリックスペースの意義を戦略的に考えながら、ハチ公広場に代表される要所の広場や街路、公園などの空間デザインを提案する、というのが学生たちに与えられるテーマである。

渋谷という課題の難しさ

　結果から言えば、学生たちは毎年例外なく、とても苦労する。専門的スキルの不足、コラボレーションの経験不足、パブリックスペースのデザインそのものの難しさなど原因はいくつかあるが、ここでは渋谷という対象地ならではの難しさに言及する。

　言うまでもなく、渋谷の魅力は、多様な街路や広場すなわちパブリックスペースの存在に支えられている。しかしそれらのパブリックスペースの良さとはなにか、正確に表現しようとすると、なかなか難しい。

　たとえば、ハチ公広場。世界的に有名なのはスクランブル交差点であって、ハチ公広場は、いわば余白のようなものである。広場空間単体としては、ありふれた凡庸なデザインであり、これといった特徴はない。

　渋谷は全体に、そういう雰囲気がある。つまり、街の至るところに、形もさまざまな小さな余白のような空間（パブリックスペース）が散在していて、それらが全体として、ほかのどこにもない魅力の源になっている。個々の路地や坂道や広場、どれをとっても、一見してその空間やデザインに優れた特長があるわけではないのだが、それぞれに自然発生的な界隈性が貼りついていて、実に多彩な様相を醸すヒューマンスケールの空間群が成立している。ほかの街に比して傑出した渋谷の魅力が、空間や場所の多様性にあるのだとすれば、その受け皿になっているのは、街の至るところにある余白的な空間である、と言ってよい。

　ところで、余白を残す、余白を生み出すという行為は、近代都市計画がきわめて不得手とするところである。近代都市計画は、元来は多様で多義的な人間と空間の関係を、便宜的に機能関係に還元して思考する点に、方法論としての本質がある。空間の隅々まで機能別に塗り分け、所有や管理や権利関係を整理し、ムダ

CASE5　生き延びる渋谷　221

やあいまいな部分をきれいにクリアしようとする。再開発という都市デザイン手法こそ、その最たるもので、空間に余白を残すことを一切、許さない。それゆえ、おそらく自然発生的な界隈性というものを、近代以降の都市再開発は、ついぞ創り出すことがなかった。

つまり、再開発という手法と、渋谷の魅力を生み出しているまちの特質とは、原理的に相性が良くない。もし渋谷から余白がなくなってしまえば、いまより奇麗にはなっても、むしろ退屈な凡百のまちと化すに違いない。学生たちは、直感でそれを感じ取るのだろう。そして、渋谷の再開発デザインという課題そのものに内在する矛盾に悩むのである。

現代の計画・デザインに求められるものとは

そもそも機能主義あるいは合理主義にもとづく計画・デザインの方法論は、近代という時代を背景に、当時の社会の矛盾を解決して人々を救うと信じられたからこそ、ここまで普遍化したものである。もちろん現代においても、その有効性が失われたわけではない。たとえばコンパクトシティや都市のスマート化などの議論は、いわば洗練された機能主義的計画論と言えるだろう。

一方で我々は、東日本大震災の経験によって、機能主義的な計画・デザインの限界をかみしめることになった。東日本大震災は、復興とはフィジカルな国土や都市空間の問題であると同時に、その土地を生きる人間の実存の問題でもあるということ、すなわち1人1人が生きる意味、こころの問題であるということを、突きつけた。いま東日本大震災を経て、現代に求められる計画、デザインとはなにかを、あらためて自問しなければならない。

ありふれた日常というものが簡単に壊れてしまうこと、ありふれた日常こそが

われわれの生の根っこであるということ、一度壊れた日常を取り戻すことがいかに困難であるかということ。あたりまえのように思っていた日常、慣れ親しんだ土地の風景や身近な他者とのコミュニケーションが失われることによって、生のアクチュアリティは容易に損傷を受け、こころはたちまち危機に陥る。言い換えれば、計画やデザインは本来、日常を安寧ならしめることによって、人間のこころを護る重要な役割を担っている。しかし、機能主義的な計画・デザインの方法論の射程には、言うまでもなく、こころの問題は含まれていない（それはカウンセラーや心理学者の領分である）。

これは被災地の復興に限った話ではない。むしろ大都市のほうが、問題の根が深いということもありうる。空間も時間も機能によって分節されつくした感のある大都市の日常に、自らの実存、「いまここに生きている」という生のアクチュアリティのよりどころとなる場所が、どれだけあるだろうか。渋谷で繰り広げられるサッカーワールドカップやハロウィーンに関連した大騒ぎは、都市とは機能的な空間である前に、人間のアクチュアルな生の臭気が濃厚に充満する場所なのだ、という若者たちの主張である。

あらたな方法論へ

いま、渋谷に必要なのは、機能空間としての属性を操作したうえで、そこになんらかの付加価値を与える、従前の計画・デザイン行為ではない。人間と空間の関係そのものを問い直し、場所の意味を再定義する方法論が求められているのである。その役割を、何よりもまず、パブリックスペースが担わなければならない。万人に開かれたパブリックスペースこそ、そのありかたを通じて、都市の本質、人間の実存にとっての意味を、具現しなければならない。それが、GSDWが目指

す遥かな地平である。

　それにしても、ワールドカップやハロウィーンのあのお祭り騒ぎがなぜ渋谷なのか、というのは興味深い問題である。先に述べた都市空間としての特質が関係しているようにも思うが、まだまだ考察の余地がある。いずれにしても、渋谷は、人間にとって都市とは何か、なぜ人は都市を必要とするのか、を考える恰好の題材である。

CASE
6

あとがき

あとがき

スタジオを振り返って

窪田亜矢、羽藤英二、大月敏雄、本田利器、井本佐保里、萩原拓也

　本書で収録した「阪神淡路」「東北」「東京」の全5つのスタジオの意義および今後の課題について振り返りたい。

　阪神淡路スタジオは、20年前に復興事業で行われたことを振り返り、これから未来に向け何ができるか、という課題設定だった。阪神淡路大震災後、いわゆる「復興災害」が課題となっていたなか、本当の意味での復興がどのように可能か、という視点で取り組んでもらった。これら提案を現実化していくところまではたどり着けなかった点が反省点として挙げられるが、一方でスタジオを通して、復興を「プロセス（時間経過）の中でみる」ことの重要性に気づくことができたのは大きな成果である。20年を経た阪神淡路大震災の復興において何が考えられてきたのか、ということを俯瞰的にみたことは大きな経験になったのではないだろうか。

　その結果、スタジオ後に阪神淡路を対象として、さらに掘り下げた研究に取り組んだ学生も出てきた。この経験を経て、実際の広島土砂災害や伊豆大島土砂災害を対象にしたスタジオ、現在関わっている熊本での提案の確度が上がった。現地の特性、地域の人の暮らしを読み取ったうえで、小さな計画を組み立てながら復興を考えるといったことが着実にできるようになっているように思われる。

　陸前高田スタジオは、東日本大震災後に、高齢者施設を運営する地元の社会福祉法人からの相談を受けて始まった。同法人は被災後、施設建設のために高台の土地を購入したものの、どのように計画していけばいいかわからないという状況だった。それに応えるために、スタジオでは復興の可能性を現実的なシナリオとして見せることを目指した。課題や提案の相手が明確で、来た球を打ち返すというスタイルは、他のスタジオとの違いだと思う。また、スタジオの成果を受け、実際の設計を請け負うことになり、2018年には竣工予定である。

高齢者施設を設計する際の駐車場の位置や寸法、食堂をどう開くかなど、空間的アイディアが多く出された。これらは、その後の被災地での学校計画にも参考になるものであった。

　福島スタジオについては、当時（原発事故から１年半後）ここを対象とすることの是非について議論があった。しかし、今だからこそ提案できることがあるのではないか、と取り組むことにした。

　当時は、現場に頻繁に通って調査をしたり、被災者の方の話をたくさん聞いたりということが十分にできる状況ではなかった。だからこそ、課題が何なのかを学生自身が真剣に考え、結果として、意義のある概念を含むプランニングが提案できたのではないだろうか。その後、この成果を見た現地の住民の方からお声がけいただき、小高での活動につながることとなった。

　福島の原発や被災に関連する情報は、極めて断片的で、各被災市町村も暗中模索で復興を探っており、進もうとしている方向もバラバラという状況の中、放射線の知識をはじめとした情報の理解に多くの時間を割いたのも福島スタジオの特徴として挙げられる。最終的な提案だけでなく、スタジオを進める中で収集し分析した内容もスタジオの重要な成果の一部である。

　東京スタジオ（東京2060、渋谷スタジオ）では、「復興とは何か」という抽象的な概念と、具体的な現場をどのように結びつけるかということも考えてもらった。特に、東京2060では、東京の水問題には進行性リスク（水辺の喪失など）と突発性リスク（ゲリラ豪雨などの災害）があり、両者をつないで捉える必要があると考え課題とした。

　東京スタジオの１つのキーワードとして「事前復興」がある。何が起こりうるかということに対するイマジネーションを働かせ、エビデンスを収集して提案につなげていったのがこのスタジオである。建築から土木まで異なるスケールを融合し、妥協しながら具体的に結論にたどり着くプロセスを構築できたのはよかった。具体的な球を投げてくる相手が存在しないなか、学生自身で問題設定したという点は特に重要で、特筆に値する。

今後の課題

　復興事業の現場の中では難しいと言われているが、大学のスタジオだからこそ広域計画にも取り組む意義がある。制度やアセスメントの評価を含めた提案が必要となるが、未到達である。特に法制度のレビューが足りていなかった。

　災害時に特別措置法のようなものを策定し、復旧復興時の土地利用計画を強く進めていく方法が当時議論されていた。一方で、災害時だからといって緊急的な法律で復興を進めることには、危険性もはらんでいる。しかし、今ならば俯瞰的に制度を見直すこともできるのではないか。これは、これからの2～3年の中で取り組むべき課題であろう。

　もちろん、広域計画だけではなく、小さい計画でも法制度は重要となってくる。たとえば近年特に社会問題となっている空地・空き家の相続問題を一歩でも先に進めるために、平時から取り組むべき法制度の課題は多い。そういった平時の課題に対して法律をどう対応させるのか、ということの延長線上に災害時の緊急対応が位置づけられるべきである。平時の計画やそれを支える法制度の中に、復興の理念をどう埋め込めるかという点も本質的な課題であろう。

　かつてのように被害を修復すれば復興するという状況ではなくなってきており、復興の課題は複雑で難しくなっている。だからこそ制度を理解し提案することの意義は高まっている。法学部など他分野と連携していく取り組みも有効であろう。

　社会基盤では国土学という考え方があって、広域で地域を読み込むトレーニングはやってきている。一方、高度成長の時代には、建築家も国土計画を描いていたが最近はそうした活動は見られない。そういった意味でも、建築、都市、社会基盤が連携することではじめて広域の計画が立てられるかもしれない。次のチャレンジとしては、このようなことも考えられるのではないだろうか。

復興デザインスタジオを通じた人材育成

　復興デザインスタジオは人材の育成も、その目的の1つとしている。若い学生が大学という場で分野を越えて苦労を経験することは、社会に出たときに大きな

力となるだろう。即戦力であるばかりでなく、有事の際にどう動くかいう哲学を持った人材となってくれると期待している。同時に、スタジオを履修したOB、OGには、復興の現場での仕事をスタジオと共有し、ひきつづきスタジオにも関わっていってほしい。

　熊本地震の後に、計画策定の支援をした際には、スタジオ履修者にも手伝ってもらった。地形の読み込みから建築、交通インフラまで含めた精度高く整理された計画を作ることができ、建築、都市、社会基盤で連携して取り組んだ成果が出ていることを感じた。

　現地では「ましきラボ」という場所を立ち上げ、情報を循環させる取り組みがされていたが、その中でも、我々は復興デザインスタジオを通して得た多くの復興の事例を提示することができた。復興デザインスタジオでは、さまざまなレベルの災害に対する課題や復興のあり方について提案を蓄積しており、アーカイブとしての力も有している。

復興デザインスタジオのこれから

　具体の空間デザインまで行うからこそ、現場の人に提案が届く一面もある。一方で、哲学的なところで考え続ける意味もある。両極端にあるようにみえる2つの側面をどう両立させるかということは、これからの課題だろう。

　復興デザインスタジオのこれからを考えるうえで、阪神淡路スタジオは印象に残るものだった。先人たちがやったことの結果を踏まえ、ある程度時間が経ってから考えることの意味、それが基礎的な復興デザイン力のようなものを涵養するうえで重要なのであろう。これこそが、被災地に入って、現場にすぐに還元できる提案を発信できる力となるのではないか。

　そう考えると、再度ここで東日本大震災に取り組むと、また違ったことが見えてくるのではないだろうか。世間では東日本大震災に対する関心が薄れていくなか、我々としては大事な期間に入っているということを認識すべきである。ここで粘って提案を続けていく、これこそが、次の災害に向けてできる取り組みであろう。

CASE
7

復興実践報告

広島 - 復興デザイン・スタジオから復興交流館へ

山根啓典

平成26年8月20日未明に発生した広島土砂災害は、災害関連死を含め犠牲者77人の大きな災害であった。広島市は砂防堰堤や避難路となる都市計画道路の整備を柱とする「復興まちづくりビジョン」を平成27年3月に策定した。その頃の被災地は、砂防堰堤や都市計画道路の調査・設計および用地買収等が本格的に動いている時期であり、被災地にとって生活再建とともにインフラ整備は大きな関心事項であった。また、同じ町内でも被災状況が大きく異なっているため、時間の経過とともに住民の防災や復興に向けた意識の差も開きつつあった。

このようななか、復興デザイン研究体では、平成27年4月にコミュニティレベルの復興まちづくりを後押しすることを目的に、広島土砂災害の復興デザイン・スタジオを開講して被災地へ提案を行うこととなった。本稿では、復興デザイン・スタジオの提案の概要とスタジオの取り組みが1つの契機となり誕生した復興交流館「モンドラゴン」について紹介する。

広島土砂災害の
復興デザイン・スタジオ

本スタジオは平成27年7月末までの4ヵ月間に亘って、東京大学の社会基盤学、建築学・都市工学の3専攻に所属する約20名の大学院生が取り組んだものである。前半は地域の地形や歴史、発災前後の避難実態、復興プロセスなどを把握するために、現地調査とともに行政、自治会、自主防災組織などにヒアリング調査を行った。後半は4つのテーマに分かれて実践的な研究活動を行った。それぞれの提案内容は以下の通りである。

安佐南区八木地区の状況（出典：国土地理院ウェブサイト）

①八木用水班
「生活防災に資する八木用水のリ・デザイン」
地域の身近な生活の中にある誰もが知る歴史的資源「八木用水」と地域防災力を結びつけ、「とりあえず八木用水まで逃げよう」と思わせる空間づくりを提案している。

②沿道班
「沿道空間に着目した地域性の再認識」
地域を形成する「縦・横みち」やその沿道空間の成り立ちや使われ方について地域の文化や災害対策を関連づけて分析。更に、そこから敷地の使い方や土地利用について地域で育まれた「地のルール」を抽出し、建物更新時や更地活用時などの新たな空間づくりに適用することを提案している。

③堰堤班「堰堤を通して山と土砂を知る」
防災意識や土砂災害の記憶の風化を防ぐとともに地域の賑わい創出に寄与する空間づくりを提案。具体的には「記憶を伝承する建築物」、「復興イベントが開催できる広場」、「玄関口となる散

策道沿いの森」で構成される「つちともりの公園」の整備を提案。記憶を伝承する建築物は、ホール、会議室、災害学習ギャラリー、防災備蓄倉庫、堰堤や町が見渡せる展望機能を有する 3 層構造で提案している。

④地区班「住み続けられる地域への『つなぎ』」

平常時は生活動線となる歩行者専用道路やコミュニティ活性化に資する広場として、また災害時にはこれらが避難路や避難場所として機能する街区内の「みちにわ」という空間づくりを提案。更に都市計画道路による地域の分断を回避するために地域をつなぐ道路下空間の整備を提案している。

スタジオが終了する平成 27 年 7 月末に、地元公民館で住民や行政など約 50 名を招いて成果発表会を開催した。後に、この発表会に参加された被災者が「堰堤班」の提案する「記憶を伝承する建築物」を参考に復興交流館の建設を実現させている。

復興交流館「モンドラゴン」

平成 28 年 4 月 3 日、被災地の中で最も被害の大きかった八木 3 丁目に「復興交流館」がオープンした。当館は、手持資金、クラウドファンディング、寄付金、補助金などを資金に被災者自らの手で建設したものである。「こころの復興」を目的に被災地の住民相互のコミュニティ再生や災害弱者への支援、そして災害教訓の伝承に取り組んでいる。館内は災害時の写真やパネル展示スペースとともに住民が気軽に集えるお好み焼きのスペースがある。これまで防災教室や折り紙教室などさまざまな活動を行っており、新たな交流・復興拠点として被災地に着実に定着しつつある。今後、土砂災害からの復興・再生のシンボルとなるような恒久的な施設の建設が構想されており、スタジオの提案も参考に検討していきたいと聞いている。

結

2016 年 6 月に、梅林学区復興まちづくり協議会が立ち上がり、復興まちづくりプランの具体的な検討が行われている。スタジオが終了してから 1 年以上経つ今、学生たちが第三者の目で地域を調べ提案したものは、地元住民の気づかない視点もあり、また、自分たちが目指す復興イメージの妥当性の確認に活用できると協議会の方から評価をいただいている。

今回の提案は、被災状況の生々しさが残るあのタイミングだからこそできたものと考えられる。被災後 1 年も経たない時期のスタジオの実施は現地での調整が難しい場面もあったが、地域住民が今後の復興を思考する際の貴重な情報源を残すことができた重要な取り組みであったと実感している。

復興交流館の外観

お好み焼きスペース

展示スペース

※モンドラゴンの名称は、この地に 500 年前から伝わる蛇王池（蛇王池に棲む鯉が阿武山の急流を登って龍になる）にちなんで名づけられた。

伊豆大島における土砂災害からの復興と大学の取り組み

井本佐保里

伊豆大島土砂災害の被害と復興事業の状況

　伊豆大島は、火山により成立した島で、中心の三原山の噴火や土砂崩れなど大きな被害を引きおこしてきた。島民は三原山を御神火様と呼び、崇め尊んできた。

　2013年10月16日、三原山外輪山より土砂崩れが発生し、死者39名、行方不明3名という都内で戦後最大の被害を出した。被害が最も大きかったのは、神達・丸塚エリアと呼ばれるここ30年で広がった住宅地だった。大金沢に沿って大量の土砂が下流へと流れ、多くの家屋が被害を受けた。

　被災後、大島町は災害復興推進室を立ち上げ、インフラの復旧と強化に着手。堆積工、道路、導流堤の再整備が進められている。また、被災者のための仮設住宅（2016年に解体）、公営住宅の整備も行われた。被災エリアの多くは行政が買い上げ、公有地として整備が進められる。特

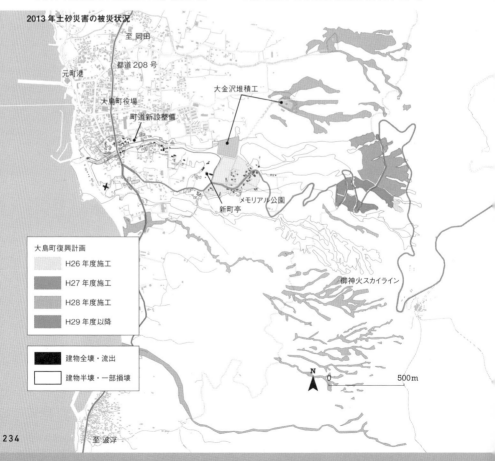

2013年土砂災害の被災状況

に被害の甚大だった大金沢上流のエリアはメモリアル公園としての計画が決定し、2020年の完成が見込まれている。また、下流の被災エリアについては、町立図書館、体育館、保育園の移転が決まっている。一方、メモリアル公園とこれら公共施設の間に挟まれるエリアについては、活用方法についての議論が今も続けられている状況にある。この土地の一部には、元々「ホテル椿園」が立地していたが、土砂災害で被災した。宿泊客は全員助かったものの、ホテル施設の大部分が全壊・半壊したため現在営業停止している。唯一「新町亭」という江戸時代に建設された元民家（ホテルの宴会場として利用していた）だけが奇跡的に被害を免れていた。

鎮魂の場の提案：復興テラスの建設

新町亭の東側には椿亭と呼ばれるホテルの施設が立っていたが、土砂により流された。また、この辺り一帯は上流から多くの人が流され着き命を落とした場所であった。ホテル椿園のオーナーである清水氏の、「ここに鎮魂の場をつくりたい」との思いを受け、2016年夏に椿亭跡地に「復興テラス」の建設を行った。土砂災害の爪痕の残る三原山に向かって開かれたこの場所は、災害と復興の記憶を継承する場として活用されていくことになる。

被災エリアの広域的デザイン提案：
復興デザインスタジオ（建築）を通して

並行して、2015〜2016年の二度に亘り、被災エリア全体に対する提案を行ってきた（復興デザインスタジオ（建築））。町の復興計画では、一連の被災エリアを複数のゾーン（図書館、体育館、保育園）に分け検討が進められている。2015年の提案では、既存のゾーニング計画を活かしながら、ゾーンを超えた機能や空間のつながりを提案した。同時に、エリア全体で災害・復興を学ぶことのできる場として、また観光資源としての役割を付加するような提案を行った。これら提案は住民の方の共感を得ることができ、実際の復興計画へ反映を要望する声も聞かれた。

一連の提案は、行政が策定する大枠の計画に、大学（専門集団）のアイディアを重ねる形をとった。復興事業という名の箱物工事ではなく、災害と復興の記憶を継承するための役割を持った計画の重要性を提示できたと考えている。

被害を免れた新町亭

ワークショップで建設した復興テラス

CASE7　復興実践報告　235

火山災害と復興準備（事前復興）

臼杵伸浩

日本列島の活火山

　我が国には110の活火山がある。以前は噴火記録のある火山や今後噴火する可能性がある火山はすべて「活火山」と定義されていた。しかし、噴火記録の有無は人為的な要素に左右され、噴火記録がなくても火山噴出物の調査から比較的新しい噴火の証拠が見出されることも多く、数千年にわたって活動を休止した後に活動を再開した事例もある。このため、火山噴火予知連絡会は2003年に「概ね過去1万年以内に噴火した火山及び現在活発な噴気活動のある火山」を活火山と定義し直した。110の活火山のうち、「火山防災のために監視・観測体制の充実等が必要な火山」として、50火山を常時観測火山とした。噴火の前兆を捉えて噴火警報等を適切に発表するため、地震計、傾斜計、空振計、GNSS観測装置、監視カメラ等の火山観測施設を整備し、関係機関からのデータ提供を受け、火山活動を24時間体制で常時観測・監視を実施している。

　明治以降（1868年以降）、主なものだけでも、磐梯山（1888年）、十勝岳（1926年）、三宅島（1983年）、伊豆大島（1986年）、雲仙普賢岳（1990〜1995年）、有珠山・三宅島（2000年）、浅間山（2009年）、霧島山新燃岳（2011年）、御嶽山（2014年）、口永良部島（2015年）と多数の噴火履歴があり、また常時観測火山として50もの火山が対象であることなど、我が国は常に火山災害の危機にさらされているといえる。

火山災害の特徴

　各火山の噴火形態はそれぞれに特徴があり、火山災害もそれに応じて異なる。災害を発生させる現象は、火砕流、溶岩流、降灰、火山泥流、土石流（二次泥流）と噴火形態に応じて多様であり、周辺のインフラ整備状況等によって被災形態も異なる（①磐梯山、②雲仙普賢岳、③御嶽山の事例参照）。また、土砂災害等と大きく異なる特徴としては、被害影響範囲が広域に及ぶこと、災害影響期間が長期化すること、また避難対象者数が膨大となることが挙げられる。たとえば、有珠山（2000年）では約1万6000人が避難し、三宅島（2000年）では全島民約3900人に避難指示が発令された。

①磐梯山（1888年）の火山災害

　磐梯山の火災災害では、水蒸気爆発により山体崩壊が起こり、爆風、岩屑なだれ、噴石、岩屑なだれに伴う土石流により北麓の集落（5村11集落）を埋没するなど477人もの死者が発生した。これは、明治維新以降の日本での初めての大災害であり、前年の1887年に結成された日本赤十字社初の災害救護活動となった。また、岩屑なだれが河川を塞き止めて堆積したため、噴火後20年間に9回もの洪水氾濫が引き起こされ、その影響が長期に及んだ。

「磐梯山の地形：山体崩壊の状況」（赤色立体地図）

「爆風で破壊された家屋，1888.7.17」（出典：『磐梯山噴火百周年記念誌』，猪苗代町）

「岩屑なだれで運ばれた見祢の大石, 1888.7.17」
(出典：『磐梯山噴火百周年記念誌』, 猪苗代町)

②雲仙普賢岳 (1990～1995年) の火山災害

1990年の噴火活動に始まり、噴火を繰り返しつつ溶岩ドームを成長させ、1991年6月に大火砕流 (43名の死者・行方不明者) を、1993年4～5月には降下火山灰に起因する大規模な土石流を発生させた。溶岩ドームの成長が停止する1995年までの5年間に、土石流は62回も発生し、総流出土砂量は約760万m³と膨大な量の土砂を流出させ、広大な土地が土砂に埋まった。

「雲仙普賢岳 大火砕流」
(出典：『雲仙普賢岳 噴火災害を体験して』)

③御嶽山 (2014年) の火山災害

御嶽山噴火は、登山者らが犠牲となった戦後最悪の火山災害である。地域防災計画に火山噴火対応を加え、登山者や観光客も避難対象者とし、事業者 (ホテルや商業施設) に避難確保計画を義務付ける活動火山対策特別措置法の改正 (2015年7月) の契機ともなった。

1995年の阪神大震災、2011年の東日本大震災をはじめ大規模な被災が相次いだことで、首都圏直下型地震・東南海地震に対する復興の問題を近い将来の現実と捉えるようになった。そして、災害後の復興状況を事前に想定・把握して、復興時期に生じる問題を緩和する手段を事前に検討・準備するといった復興準備 (事前復興) の検討が進められている。

しかし、大規模な火山噴火による災害を対象とした復興準備 (事前復興) については十分な議論はなされてはいない。火山災害のソフト対策として図のような関係機関が連携し、危機管理計画策定等の取り組みが進められている。大規模な火山災害発生後の復興に視点を定めたものはない。

火山災害のソフト対策に関係する関係機関

火山災害は被害が広域に及び、被災形態が多様で、火山活動によっては長期間に及ぶ可能性がある。このため、首都圏直下型地震・東海南地震等を対象に議論されている復興準備 (事前復興) では対処しきれない多くの課題、たとえば、降下火山灰の影響による、上下水道や発電施設の機能低下、農作物の収穫減、交通網機関の長期の乱れや運休、パソコンなどの電子機器への影響なども考慮した戦略的かつ長期的な視点の復興が必要になると想定される。

今後の課題

今後は、現在検討が進められている首都圏直下地震・東南海地震に対する復興準備 (事前復興) の知見を活用し、富士山など甚大な被害をもたらすと想定される火山に対して、各火山の個性に応じた復興イメージトレーニング (東京大学生産技術研究所 都市基盤安全工学国際研究センター：加藤准教授) を実施することが重要である。とくに大規模な火山災害に対しては、国・都道府県も対象とした復興準備 (事前復興) が必要になる。

島嶼国における氾濫災害と復興

田島芳満

2013年台風Haiyanや2016年サイクロンWinston、台風Meranti、ハリケーンMatthewによるフィリピンやフィジー、ハイチにおける高潮・高波災害など、熱帯・亜熱帯の島嶼国における氾濫災害が頻発している。これらの島嶼国における氾濫災害では国土や居住区域が比較的狭小であることや、サンゴ礁や入り組んだ海岸線地形による遮蔽効果等により、それぞれの地域における氾濫災害の頻度は暴風雨に伴う被害に比べると相対的に低いものの、悪条件が重なると激しい氾濫災害が引き起こされるのが特徴の1つであるといえる。被災時の復旧・復興においては、このような特徴に鑑み、将来のハザードに対する防災・減災機能を高め、維持していく取り組みが必要となる。ここでは、筆者らが実施した災害調査事例の一部を紹介し、将来の防災・減災を含む復興に向けた課題を考察する。

サンペドロ湾奥部における高潮災害事例

フィリピンのレーテ島とサマール島に挟まれたサンペドロ湾では、台風Haiyanに伴い甚大な高潮氾濫が生じた（図-1）。南に開口した湾に対し、Haiyanはそのやや南側を西向きに通過し、風向が北から南に急激に変化した。この経路が当湾での高潮にとってほぼ最悪の条件と重なり、高潮水位の増大を引き起こしたことが指摘されている。そのため、強大な台風に伴う暴風雨による被害の経験はあっても、高潮による氾濫の経験はなかったことが、住民が避難せず被害を拡大させた要因の1つとなったと考えられる。また警報が"storm surge"ではなく"tsunami"と伝えてくれていれば避難したかもしれない、と言う住民も多かった。復興事業では病院などの公共施設や一部居住地域の移転などが計画されている一方で、沿岸部の住民の多くは被災後も同じ場所に小屋を建てて生活を再開しているなど、課題が多い。

裾礁背後の沿岸部における氾濫災害

外洋に浮かぶ島嶼国では、その地形条件から高潮よりも高波の来襲による被害を受けやすい。Haiyanによるサマール島東海岸やMerantiによるバタン島では、高波による甚大な氾濫が引き起こされ、ともに裾礁上で局所的に水位が異常に上昇したことが報告されている。たとえばギワン（図-1, 地点S）では海岸から約1km以上離れた低平地においても水深1m程度の浸水が発生した（図2）。フィジーにおいてはWinstonの直撃による災害が記憶に新しい。過去のサイクロンデータに基づき推定した最大波高の推定結果（図3）を見ると、台風の経路周辺で大きい波高が分布しており、既往最大波高だけではそれぞれの地域におけるハザードの評価が不十分であることが推察される。またサイクロンによる直撃を受けていなくても、周期の長いうねりの来襲によって裾礁に囲まれた平穏な海岸で十数年に一度程度の頻度で氾濫が起きることも知られている。

以上のように、島嶼国では頻度と規模の異なる氾濫災害が想定され、また温暖化に伴う海面上昇や水温変化に伴うサンゴ礁の地形変化などの不確実な要因によるハザードへの影響が大きいことも想定される。モニタリングやハザードを評価を継続し、変化する環境に応じた適切で持続的な防災・減災策を実施していくことが重要である。

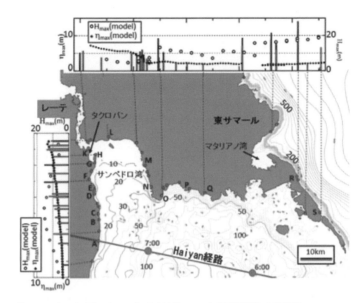

図-1 フィリピン・レーテ島、サマール島における台風 Haiyan による高潮高波による浸水高

図-2 フィリピン東サマールのギワンにおける被災前後の衛星写真の比較

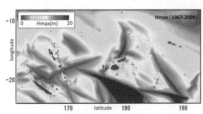

図-3 Fiji周辺における過去のサイクロン（1967年〜2009年）による最高波高の推定値の分布

CASE7 復興実践報告 239

ネパール：ネワールの町と自力復興

サキャ・ラタ

　2015年ネパール地震により、世界遺産の町として知られる3都市の旧市街地：カトマンズ、パタン、バクタプルは大きな被害を受けた。その中で、我々のチーム（復興デザイン研究体／建築計画系研究室）が関わっているバクタプル旧市街地のカミナニ中庭を介したコミュニティ（以下Kコミュニティ）について紹介する。
　コミュニティ内には複数の共用の中庭があり、それら中庭を取り囲むように4階から6階建ての住宅が並んでいる。また、中庭や街区の角には寺院・祠、共用の休憩場があり、それらを管理するのもコミュニティ内の管理組織である。共用空間が豊富で、それを介した地縁関係そして宗教関係で強く結ばれた、共同性の高い地域であるといえる。

震災後における居住者の住まい対応

　震災により多くの建物が被害を受けたが、その対応は多様である。被災から1年半が経過した2016年9月時点では、被災した住宅にそのまま住み続ける者もいれば、近所に部屋を借りて避難する者もいる。特に住宅の被害が大きく、家族人数も多い場合は外部の複数の場所：シェルター、親戚宅、地域外の住宅などで住み分けをする事例

も多く見られる。

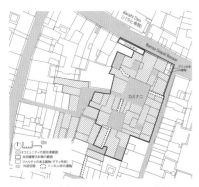

図-1 カミナニ中庭を介したKコミュニティの範囲

写真-1 カミナニ中庭

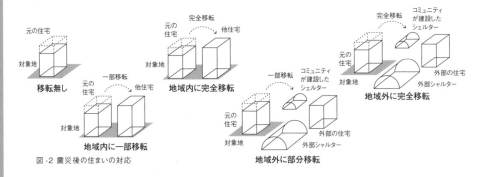

図-2 震災後の住まいの対応

震災後のコミュニティの活動

　震災後、Kコミュニティは以下のように対応を行ってきた。

　震災直後、安否確認を行い、共同で近くの広場へ避難した。その後、長期滞在できるようパーティー会場へ移動し、約1ヵ月間避難所で避難生活を続けた。

　Kコミュニティのリーダーは複数の団体と協働してボランティア活動に従事した経験を持っており、その人的ネットワークを活かし、海外からの金銭的・物的支援を受けることができた。それにより、避難所運営や、行き場のない居住者のための仮設住宅建設が可能となった。ちなみに、仮設住宅の材料の調達、建設などすべてコミュニティ内の居住者で行われた。

　加えて、対象地では、ほとんどの住宅が被害を受け、上層階の増築部分が倒壊する危険性があった。リーダーたちは居住者を集め、共同解体作業を行った。この活動後、被害の少ない住宅の居住者が避難所等から徐々に対象地に戻り始めた。

　しかし、元々老朽化した住宅であったこと（多くは築80年を超える）、多くは敷地面積が狭く、また隣家と壁を共有する住宅が多いことから個別より共同で建て替えすることが有効と考え、共同で建て替えを行う居住者からなる新しいグループが結成された。これに併せてインターネットを利用した金銭的支援の募集も行われた。

　我々のチームは、このインターネット上の呼びかけを通してコミュニティを知り、再建を技術的に支援することになった。1年をかけて調査と提案を繰り返し、最終的に2～4世帯で共同建て替えを行う方向で話が進み、現在もコミュニティ内で議論を行っている。

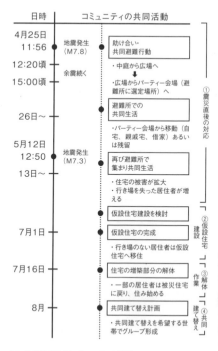

図-3　震災後のKコミュニティの活動

図-4　仮設住宅の配置図

写真-2　避難所となったパーティ会場

CASE7　復興実践報告　241

スタジオデータベース

阪神淡路スタジオ （2014年夏学期）

スケジュール

2014年　4月4日 ……………… 課題説明
　　　　4月7日 ……………… チーム分け
　　　　4月14日 …………… 各チーム発表
　　　　4月20〜21日 …… 現地調査
　　　　　　　　　人と防災未来センター、HAT神戸、神戸市六甲道地区、芦屋市若宮地区、神戸市新長田地区
　　　　　　　　　●現地レクチャー▶小林郁雄レクチャー＠人と防災未来センター
　　　　　　　　　　　　　　　　塩崎賢明レクチャー＠新長田勤労市民センター
　　　　　　　　　　　　　　　　平山洋介レクチャー＠神戸大学
　　　　4月28日 …………… 各チーム発表
　　　　5月12日 …………… エスキス
　　　　5月19日 …………… 中間ジュリー
　　　　　　　　　●ゲスト講評者▶（株）オンデザインパートナーズ 代表 西田司、石巻2.0 代表 松村豪太
　　　　5月26日 …………… エスキス
　　　　6月2日 ……………… エスキス
　　　　6月9日 ……………… エスキス
　　　　6月16日 …………… エスキス
　　　　6月23日 …………… エスキス
　　　　6月30日 …………… 最終ジュリー
　　　　　　　　　●ゲスト講評者▶菊池雅彦（国土交通省）、原田昇（東京大学）、中井祐（東京大学）、千葉学（東京大学）

参加学生

社会基盤学専攻／池永知史、鍵村香澄、佐井倭裕、矢野槙
建築学専攻／小川直生、川上咲久也、長木美緒、前川智哉、安田大顕、矢吹愼
都市工学専攻／柄沢薫冬、柴田純花、中島健太郎、羽野明帆、福永友樹、益邑明伸
国際協力学専攻／下舘知也

教員・TA

教員／窪田亜矢、大月敏雄、羽藤英二、本田利器、井本佐保里
TA／浦田淳司、児玉千絵、芝原貴史

陸前高田スタジオ （2013年夏学期）

スケジュール

2013年　4月16日 …………… 課題説明
　　　　4月23日 …………… エスキス
　　　　4月30日 …………… エスキス
　　　　5月7日 ……………… エスキス

5月14日 ………… 中間ジュリー
5月17〜18日 ……… 現地調査
　　　　　　　　岩手県陸前高田市高寿会
6月4日 ………… エスキス
6月11日 ………… エスキス
6月18日 ………… エスキス
6月25日 ………… エスキス
7月2日 ………… 最終ジュリー
7月24日 ………… 現地発表

参加学生

社会基盤学専攻／佐々木奈央、宮坂知成
建築学専攻／芦澤健介、大島史也、金炅敏、紺野光、田畑耕太郎、松田仁樹、森本順子
都市工学専攻／芝原貴史

教員・TA

教員／窪田亜矢、大月敏雄、羽藤英二、本田利器、西出和彦、岡本和彦
TA／陳建中

福島スタジオ（2013年冬学期）

スケジュール

2013年　10月8日 ………… 課題説明
　　　　10月15日 ……… 村上道夫レクチャー「原発事故に伴う避難と帰還の課題」
　　　　10月22日 ……… 大月敏雄レクチャー「住まいの復興」
　　　　10月29日 ……… エスキス
　　　　11月5日 ………… 総合討論　ゲスト：片山浩之（東京大学）
　　　　11月12日 ……… 中間ジュリー
　　　　11月19日 ……… 岡本和彦レクチャー「弱者の生活　避難所、仮設住宅から帰還へ」
　　　　11月26日 ……… エスキス
　　　　12月3日 ………… エスキス
　　　　12月10日 ……… エスキス
　　　　12月16日 ……… いわき市現地調査
　　　　　　　　　　　　福島県双葉町いわき事務所復興推進課復興推進係　主査橋本靖治、主事西牧孝幸へのヒアリング
　　　　12月24日 ……… 森口祐一レクチャー「除染・環境回復に向けた課題」
2014年　1月28日 ………… 最終ジュリー

参加学生

社会基盤学専攻／チェ・チャンヨル、吉沢佑太
建築学専攻／アルテム・クラフチェンコ、泉谷春奈
都市工学専攻／芝原貴史、浦田淳司、瀬川明日奈、北島遼太郎、柳沼翔平

新領域社会文化環境学専攻／齊藤せつな

教員・TA

教員／窪田亜矢、大月敏雄、羽藤英二、本田利器、西出和彦、岡本和彦
TA／朴晟源

東京 2060 スタジオ（2012 年冬学期）

スケジュール

2012 年	10 月 9 日 …………	羽藤英二ショートレクチャー「復興デザイン」
		村上道夫ショートレクチャー「水システムの健全性〜都市水循環系の問題点とその解決〜」
	10 月 12 日 …………	大月敏雄ショートレクチャー「住宅地と復興」
		本田利器ショートレクチャー「巨大災害とインフラデザイン」
	10 月 26 日 …………	大野輝之ショートレクチャー「革新的な政策形成のメカニズムについて」
		遠藤新ショートレクチャー「グリーンインフラ」
	11 月 2 日 …………	片桐由希子ショートレクチャー「流域圏における人口減少時代の環境インフラ」
	11 月 9 日 …………	エスキス
	11 月 16 日 …………	エスキス
	11 月 21 日 …………	エスキス
	11 月 29 日 …………	エスキス
	12 月 5 日 …………	エスキス
	12 月 14 日 …………	中間ジュリー
2013 年	1 月 18 日 …………	最終ジュリー

参加学生

社会基盤学専攻／松井京子、大澤遼一、鈴木雄大
建築学専攻／金炅敏、芦澤健介、斎藤慶伸
都市工学専攻／大山雄己、園田千佳、萩原拓也、越村高至、児玉千絵、坂本慧介、三宅亮太朗

教員・TA

教員／窪田亜矢、大月敏雄、羽藤英二、本田利器、尾崎信、片桐由希子、村上道夫
TA／大垣俊朗、陳建中

渋谷スタジオ（2013 年夏学期）

スケジュール

2013 年	6 月 7 日 …………	課題説明／現地調査
	6 月 12 日 …………	エスキス
	6 月 14 日 …………	エスキス／齋藤勇（渋谷区都市整備部）ショートレクチャー「渋谷駅周辺にお

ける開発事業と事前復興の取り組み」
6月19日 ………… エスキス
6月21日 ………… エスキス
6月26日 ………… エスキス
6月28日 ………… 中間ジュリー
7月3日 ………… エスキス
7月5日 ………… エスキス
7月12日 ………… エスキス
7月17日 ………… 最終ジュリー（東京大学）
7月26日 ………… エスキス
7月31日 ………… 工学院大学との合同発表会

参加学生

都市工学科／石川幸佳、柄澤薫冬、柴田純花、滝澤暢之、中島健太郎、福田崚、益邑明伸、本島慎也

教員・TA

教員／窪田亜矢、羽藤英二、遠藤新（工学院大学）
TA／高梨遼太朗

索引

あ行

空き地 ··· 162
　──問題 ·· 60
空きテナント ·· 60
空き家 ··· 19, 162
　──空き地の活用 ·· 189
アクティビティ ··· 172
芦屋市若宮地区 ·· 3, 39, 45, 68
アーバンデザインセンター ·································· 201
アーバンリング ······························· 23, 208, 209, 212, 217
　──構想 ··· 208
暗渠化 ··· 152
イエ ··· 62
伊豆大島土砂災害 ·· 234
遺体安置所 ··· 73
医療ネットワーク ··· 173
インナーシティ総合整備計画 ································ 59
インフラ（インフラストラクチャー）
　···································· 149, 150, 178, 187, 195
　──施設の老朽化 ·· 152
　──ストック ·· 179
　──導入・維持コスト ······································ 178
　──の維持 ··· 182
　──の更新 ··· 179
　──の構築 ··· 190
　──の自立性 ·· 187, 190
　──老朽化 ·· 158, 168
雨水浸透率 ··· 153
雨水排水施設 ··· 182
雲仙普賢岳 ··· 236, 237
液状化 ··· 175
エリアマネジメント ·································· 193, 199, 201
応急仮設住宅 ·· 40
大槌町 ··· 90
大津波 ··· 94
汚染状況重点調査地域 ······································ 114
汚染土 ··· 136
汚染廃棄物 ··· 117
汚染物質 ··· 118

か行

小高復興デザインセンター ··································· 141
オリンピック・パラリンピック ································ 200
御嶽山 ··· 236, 237

開渠 ·· 186
階層型インフラ ··························· 23, 179, 181, 187
街道結接点 ·· 96, 98
海面上昇 ··· 238
界隈 ··· 206, 214
　──性 ··· 173
カウンタープラン ··· 45
火山災害 ··· 236
火山噴火予知連絡会 ··· 236
仮設住宅
　························· 38, 41, 68, 71, 73-75, 84, 86,
　　　　　87, 89, 96, 141, 160, 164, 234
　──用地 ·· 8, 162
　──リユース ··· 86
仮設用地 ··· 166
活火山 ··· 236
活動火山対策特別措置法 ··································· 237
借上（公営）住宅 ················· 4, 41, 42, 50, 51, 54, 57, 78
借上方式 ·· 51, 53
瓦礫置場 ··· 75
環境回復 ·· 114, 119
　──のロードマップ ·· 119
環境計画 ··· 153
観光案内所 ··· 63
帰還 ·· 115, 119, 122, 136-138, 142
　──意向・意思 ·· 137, 142
帰還困難 ··· 136
　──区域 ····················· 112, 119, 122, 126, 129, 140
　──者 ··· 196
帰還プラン ··· 134
気候変動 ··· 152
帰宅困難者 ·· 176, 200
機能主義的計画論 ··· 222
行政区 ··· 143

共用空間	240
居住制限区域	112, 122
近代都市計画	221
空間線量調査	116
空間的ゆとり	158, 189
空間デザイン	220
空間の時限的利用	8, 68
空間利用	73
区画整理	43, 43, 46, 162
グリーンインフラストラクチャ（GI）	153, 155, 189
グループホーム	102
景観生態学	153
警告区域	73
経済の停滞・衰退	158
経済のゆとり	160
下水道	182, 183, 187
ケミカルシューズ	38
原子力規制委員会	115
原発被災	112
広域避難場所	217
公営住宅	40, 45, 50, 78
降下火山灰	237
公共空間	203
――デザイン	90
後継者不足	60
高層住宅難民	169, 176
高層部居住者	175
高調	238
交通混雑	198
交通の結接点	206
神戸市新長田	45
神戸市六甲道	45
合流式下水道	182
高齢化	56, 59, 60, 96, 152, 168, 179
高齢者施設	85, 96, 105, 106
高齢者福祉施設	98, 100
高齢者（用）住宅	84, 100, 102
――計画プロジェクト	108
誤情報	196
孤独死	41, 86, 87

コミュニティケア型仮設住宅	84, 86, 87, 105, 108

さ行

災害関連死	232
災害公営住宅	4, 41, 44, 74, 96
災害情報	217
災害対応能力	195
災害対策	182
災害と復興の記憶	235
再開発	43, 43, 193, 222
――事業	2, 45, 60
――地区	61
災害復興公営住宅	50
災害リスク	193
――の新規性	196
最終濃縮工場	118
サービス付き高齢者向け住宅	100, 105
砂防堰堤	232
山体崩壊	236
市街地再開発事業	199
市街地の住宅再建	43
式年遷土	136, 139
時限的（空間）利用	74, 78
自主的な帰還	122
自主防災組織	232
地震火災	194
事前復興	73, 148, 193, 198, 202, 203, 204, 237
持続可能なまちづくり	201
自治力	90
渋谷駅エリアマネジメント協議会	200
渋谷駅周辺帰宅困難者対策協議会	200
渋谷駅周辺整備事業	198
渋谷駅周辺の再開発計画	203
島化	172, 189
社会的な便宜の最大化	178
社会福祉法人「高寿会」	84, 87, 100, 105, 108
住環境整備事業	71
集積	193, 194
住宅供給	57, 78

索引　247

──施策	50
住宅復興支援	40
──準備住宅	74
柔軟なインフラ	187
縮退社会	56
首都機能	169
首都直下地震	17, 29, 148, 160, 212
上下水道	178
常時観測火山	236
少子高齢化	160
情報技術	196
情報パニック	196
初期被ばく	114
職住近接	158
除染	113, 114, 115, 119, 120, 137
──計画	116
──の適正化	115
自力仮設住宅	40, 43
自力再建	96
人為的な要素	193, 195
人口・経済の縮小	44
人口減少	56, 59, 149, 152, 160, 162, 179, 181, 187
──社会	152
進行性リスク	17, 148, 189
人口流出	96
震災関連死	41
浸水	173, 175
親水空間	176, 183
新長田地区	2, 6, 39, 43, 45, 58, 60, 62
水温変化	238
水害	150
水道普及率	150
水路	172, 189
ストリート	193, 202, 203
スーパー堤防	170
スプロール市街地	162
住み替え	56
生活再建	138
生産緑地	155
脆弱性	23

生態系	153
セシウム	117
選択と集中	179
創造的復興	38, 40

た行

大規模災害	189
大規模再開発	204, 220
大都市防災	197
第二公営住宅	4, 54, 56, 57
台風	238
高潮	238
高台	96, 98
タクティカル・アーバニズム	202
ターミナル	54, 57
地域防災機能	200
地域防災計画	237
チェルノブイリ原子力発電所事故	113
地区改良工事	45
中間貯蔵施設	15, 136, 139
長期避難生活	176
超高齢社会	86
直接建設（方式）	51, 53, 56
貯蔵施設	118
貯留槽	182
津波	175
──リスク	196
低層木造住宅地	175
倒壊家屋	59
東京オリンピック	199, 203
東京パラリンピック	199
東京大学大学院工学系研究科	26
東京湾港北部地震	169
島嶼国	238
道路閉塞	194, 196
都市型大規模災害	57
都市基盤の再整備	198
都市計画道路	46, 232
都市構造の変化	96

都市構造の変革	206
都市再生	193, 199
──特別地区	199
都市の持続再生	152
都市復興	39
都市防災	193, 194
都市マスタープラン	10
土砂災害	235
土石流	237
突発性リスク	17, 148, 189, 192

な行

内部被ばく	112, 119
浪江町	116−118, 120
楢葉町	15, 116, 120, 126
二段階都市計画	43
ネパール地震	240
年間被ばく	139

は行

廃棄物焼却灰	114
廃棄物処理	120
廃棄物を処理する実証炉	117
梅林学区復興まちづくり協議会	233
廃炉	112, 129, 137, 138
パイロットプロジェクト	183, 186, 190
ハザード	238
ハブ	54, 57
パブリックスペース	91, 193, 220, 221, 223
バリアフリー化	198
半減期	114
阪神淡路大震災	2, 42, 29, 38, 50
──復興基金	51
阪神大震災復興市民まちづくり支援ネット磐梯山	236
氾濫災害	238
東日本大震災	26, 29
被災者の帰還	122
避難行動の失敗	196

避難支援拠点	173
避難指示解除	139
──準備区域	14, 112, 122
避難施設	160
避難所	40, 68, 71, 74, 84, 96, 195
──生活者	160
避難障害	194
避難場所	233
避難路	233
非日常	20, 172
被ばく	119, 129
──線量	115, 116
兵庫県南部地震	38
広島土砂災害	232
フィルムバッチ	119
風評被害	196
複合災害	197
──リスク	196
複合被災地	140
フクシマ	112
福島原発事故	84
福島県浜通り地方	122
福島第一原子力発電所	140
──事故	14, 29, 112, 114, 122, 138
双葉郡	15, 124
──復興パートナーズ	126, 136-138
──役場	124
双葉町	15, 118, 128, 129
復興イメージトレーニング	237
復興過程	73, 84
復興拠点	119, 120
復興計画	39, 59, 94, 124, 138
復興元気村パラール	59
復興交流館「モンドラゴン」	232
復興災害	39, 40
復興再開発事業	58
復興準備	237
復興提案	149
復興デザイン研究体	26
復興デザインスタジオ	26, 29

索引 249

復興都市計画	84	——のリユース	88, 89
復興マスタープラン	98	木造建築密集地区	59
復興まちづくり	38	木造住宅密集地域	169
負の外部性	194	木造密集市街地	6, 60, 62, 149, 192
プランナー	43	ものづくり	7, 62
フレコンバック	117	モバイルインフラ	134
プレハブ仮設	88	盛り土	98
噴火活動	237		
防護策	115	**や・ら行**	
防災機能	170	優先除染	119
防災計画	194	溶岩ドーム	237
防災政策	194	養護老人ホーム	100
防災性能	204	ライフスタイル	195
防災船着場	173	ライフライン	170
防災まちづくり	193, 194	——復旧	173
放射性廃棄物	117	ランドスケープ	153
——処理	113	陸前高田市	10, 84, 94
放射性物質汚染	113	利水・治水施設	155
——対処特別措置法（特措法）	114	リスクマネジメント	179
放射性物質の沈着	114	流域	149, 153, 155
放射性物質の放出	114	レジリエンス	189, 201
放射線	117, 139	レベル1の津波	94
——量	15, 119, 124, 129, 142	レベル2の津波	94
——量測定	116	レベル7	113
放射能汚染	139		
防潮堤	98	**欧文**	
ボランティアセンター	212	BRT	96
		GI → グリーンインフラストラクチャ	
ま行		GSデザインワークショップ	220
まちづくりNPO	19, 162, 164	Hub-Terminal Housing	54, 78
まちづくり協議会	46	Kコミュニティ	240
水環境	149, 153, 190	LPHC型（低頻度高被害）	196
水循環	150, 153	SNS	196
密集居住	194	Superstructure	183, 186, 187
みなし仮設	74		
南相馬市	116, 118		
——小高区	140		
メガインフラ	94		
木造仮設住宅	88		

執筆者一覧

編集・執筆（掲載順）

内藤 廣（ないとう・ひろし）▶▶▶ はじめに

1976年早稲田大学理工学部建設工学専攻修士課程修了。1981年内藤廣建築設計事務所設立。2001年東京大学大学院工学系研究科社会基盤学専攻助教授。教授、副学長を歴任し、退官。現在、東京大学名誉教授。著書に『素形の建築』（INAX出版，1995）、『建土築木1・2』（鹿島出版会，2006）『構造デザイン講義』（王国社，2008）、『建築のちから』（王国社，2009）、『場のちから』（王国社，2016）など多数。

窪田亜矢（くぼた・あや）▶▶▶ CASE1、CASE3、CASE4、CASE5

1993年東京大学大学院博士課程修了。㈱アルテップ、工学院大学准教授などを経て、現在、東京大学大学院工学系研究科都市工学専攻特任教授。著書に『界隈が活きるニューヨークのまちづくり』（学芸出版社，2002）、『都市経営時代のアーバンデザイン』（共著，学芸出版社，2017）など。博士（工学）。

本田利器（ほんだ・りき）▶▶▶ CASE1

1993年東京大学大学院修士課程修了。建設省土木研究所研究員、京都大学防災研究所助手、東京大学大学院工学系研究科准教授などを経て、現在、東京大学大学院新領域創成科学研究科国際協力学専攻教授。著書に『大震災に学ぶ社会科学 第3巻 福島原発事故と複合リスク・ガバナンス』（東洋経済新報社，2015）。博士（工学）。

大月敏雄（おおつき・としお）▶▶▶ CASE2

1996年東京大学大学院博士課程単位取得退学。横浜国立大学助手、東京理科大学准教授などを経て、現在、東京大学大学院工学系研究科建築学専攻教授。著書に『集合住宅の時間』（王国社，2006）、『町を住みこなす』（岩波新書，2017）、『住まいと町とコミュニティ』（王国社，2017）など。博士（工学）。

羽藤英二（はとう・えいじ）▶▶▶ CASE2、CASE5

日産自動車㈱に勤務後、愛媛大学助教授、MIT客員研究員、東京大学大学院都市工学専攻准教授などを経て、現在、東京大学大学院工学系研究科社会基盤学専攻教授。著書に『東日本大震災 復興まちづくり最前線』（共著，学芸出版社，2013）、『交通まちづくり』（編集幹事，鹿島出版会，2015）など。博士（工学）。

井本佐保里（いもと・さおり）▶▶▶ CASE3、復興実践報告

藤木隆男建築研究所勤務後、2013年東京大学大学院博士後期課程修了。2014年より東京大学工学系研究科建築学専攻助教。著書に『アジア・アフリカの都市コミュニティ』（共著，学芸出版社，2015）など。博士（工学）。

萩原拓也（はぎわら・たくや）▶▶▶ CASE4

2014年東京大学大学院修士課程修了。㈱日本設計勤務後、2016年より東京大学工学系研究科学術支援職員。

執筆者（掲載順）

▶ CASE1
　塩崎賢明（しおざき・よしみつ）　立命館大学政策科学部
　平山洋介（ひらやま・ようすけ）　神戸大学発達科学部人間環境学科
　小林郁雄（こばやし・いくお）　兵庫県立大学緑環境景観マネジメント研究科

▶ CASE2
　田畑耕太郎（たはた・こうたろう）　住田町役場
　尾崎 信（おさき・しん）　愛媛大学防災情報研究センター
　齋藤隆太郎（さいとう・りゅうたろう）　株式会社DOG一級建築士事務所／東京大学大学院工学系研究科

▶ CASE3
　森口祐一（もりぐち・ゆういち）　東京大学大学院工学系研究科
　児玉龍彦（こだま・たつひこ）　東京大学先端科学技術研究センター
　李 美沙（り・みさ）　復建調査設計株式会社／東京大学大学院工学系研究科

▶ CASE4
　村上道夫（むらかみ・みちお）　福島県立医科大学医学部
　片桐由希子（かたぎり・ゆきこ）　首都大学東京都市環境学部

▶ CASE5
　廣井 悠（ひろい・ゆう）　東京大学大学院工学系研究科
　齋藤 勇（さいとう・いさむ）　渋谷区土木清掃部公園プロジェクト推進担当課
　遠藤 新（えんどう・あらた）　工学院大学建築学部まちづくり学科
　中井 祐（なかい・ゆう）　東京大学大学院工学系研究科

▶ 復興実践報告
　山根啓典（やまね・けいすけ）　復建調査設計株式会社（東京大学復興デザイン研究体共同研究員）
　臼杵伸浩（うすき・のぶひろ）　アジア航測株式会社（東京大学復興デザイン研究体共同研究員）
　田島芳満（たじま・よしみつ）　東京大学大学院工学系研究科・復興デザイン研究体
　サキャ・ラタ（さきゃ・らた）　立命館大学衣笠総合研究機構歴史都市防災研究所（客員協力研究員）

編集協力者
　長木美緒（ちょうき・みお）　東京大学大学院工学系研究科建築学専攻 修士課程（CASE1）
　金 炅敏（きむ・ぎょんみん）　東京大学大学院工学系研究科建築学専攻 博士課程（CASE2）
　益邑明伸（ますむら・あきのぶ）　東京大学大学院工学系研究科都市工学専攻 博士課程（CASE5）

関連論文・論考リスト

● CASE1
・論文
柄澤薫冬・窪田亜矢 (2015)，阪神・淡路大震災の被災地である芦屋市若宮町における復興評価に関する研究，計画学会論文集 No.50-3,pp.1114-1121

● CASE2
・著書
大月敏雄 (2017)，町を住みこなす－超高齢社会の居場所づくり，岩波書店

● CASE3
・論文
李美沙・窪田亜矢 (2016)，原発複合被災地における事業所再開に関する研究，都市計画論文集，Vol.51,No.3,pp.1054-1061

・雑誌寄稿
大月敏雄・井本佐保里・復興デザインスタジオ（建築）履修者 (2015)，福島の原発被災復興の諸相 – 自治体に注目することの意味 -，建築雑誌 2015 年 3 月号, pp.6-31
李美沙・窪田亜矢 (2017)，原発複合被災地における協働を目指して「小高復興デザインセンター」設立 1 年目の取組み，建築雑誌 2017 年 3 月号, pp.44-45

● CASE4
・論文
大澤遼一・本田利器 (2015)，管理者行動の影響を考慮したインフラ維持管理におけるリスク評価，土木学会論文集 D3（土木計画学），Vol.71,No.5,pp.I_151-161

復興デザインスタジオ
災害復興の提案と実践

2017 年 10 月 25 日　初　版
[検印廃止]

編　者	東京大学復興デザイン研究体
発行所	一般財団法人　東京大学出版会
代表者	吉見俊哉
	153-0041　東京都目黒区駒場 4-5-29
	http://www.utp.or.jp/
	電話 03-6407-1069　Fax 03-6407-1991
	振替 00160-6-59964
ブックデザイン	ナカミツデザイン
印刷所	株式会社精興社
製本所	誠製本株式会社

© 2017 Urban Redesign Studies Unit
ISBN978-4-13-063816-6

JCOPY 〈(社)出版者著作権管理機構　委託出版物〉

本書の無断複写は著作権法上での例外を除き禁じられています．複写される場合は，そのつど事前に，(社)出版者著作権管理機構（電話 03-3513-6969, FAX03-3513-6979, e-mail: info@jcopy.or.jp）の許諾を得てください．

長谷川公一・保母武彦・尾崎寛直 編
岐路に立つ震災復興　地域の再生か消滅か
A5 判 /306 頁 /6,500 円

根本圭介 編
原発事故と福島の農業
A5 判 /184 頁 /3,200 円

伊藤　滋・奥野正寛・大西　隆・花崎正晴 編
東日本大震災　復興への提言　持続可能な経済社会の構築
四六判 /376 頁 /1,800 円

佐竹健治・堀　宗朗 編
東日本大震災の科学
四六判 /274 頁 /2,400 円

丹羽美之・藤田真文 編
メディアが震えた　テレビ・ラジオと東日本大震災
四六判 /416 頁 /3,400 円

宇都正哲・植村哲士・北詰恵一・浅見泰司 編
人口減少下のインフラ整備
A5 判 /320 頁 /4,000 円

小泉秀樹 編
コミュニティデザイン学　その仕組みづくりから考える
A5 判 /296 頁 /3,200 円

大野秀敏＋MPF
ファイバーシティ　縮小の時代の都市像
B5 判 /192 頁 /2,900 円

ここに表示された価格は本体価格です．ご購入の際には消費税が加算されますのでご了承ください．